UM/WELT
NR.4

LENA MARIE GLASER

ARBEIT AUF AUGENHÖHE

DIE NEW WORK REVOLUTION:

KREATIV DENKEN, NEUE WEGE
WAGEN UND DIE ARBEIT DER
ZUKUNFT SOLIDARISCH GESTALTEN

Für alle,
die ihre Arbeitswelt der Zukunft mitgestalten wollen

DANKE AN

meine Mama, Maria Glaser, Sozialarbeiterin und Bücherliebha-
berin, die mich mit ihrem Engagement und Sinn für soziale Gerechtigkeit grundlegend geprägt hat. Sie war auch für dieses Buch
meine erste Gesprächspartnerin, hat mich unaufhörlich mit allen
wichtigen Büchern und vielen Artikeln versorgt und ist immer
eine liebevolle Begleiterin. Das Basislager dafür sind mein Papa
und mein Bruder, die immer für mich da sind, wenn ich sie brauche, und auch für dieses Buch wichtige Gesprächspartner waren.
Außerdem bedanke ich mich bei meinen Freund:innen und Un-
terstützer:innen, die mich auf meiner Reise der letzten Jahre immer wieder ermutigt haben. Danke auch an die Expert:innen,
Wissenschaftler:innen und Praktiker:innen, die offen ihr Wissen
mit mir teilen und diskutieren. Außerdem bedanke ich mich
herzlich bei meinen Coach:innen, Berater:innen und Mentor:in-
nen für ihre Zeit und Begleitung. Danke an alle Journalist:innen,
die mir die Möglichkeit geben, mit meiner Arbeit immer mehr
Menschen zu berühren und sie dafür zu begeistern, selbst diese
Arbeitswelt aktiv mitzugestalten. Zum Schluss: Danke an die einzigartige Lektorin und Verlagsleiterin Stefanie Jaksch (Kremayr
& Scheriau), dass du so vielen beeindruckenden Frauen die Plattform bietest, ihre wichtigen Perspektiven zu teilen. Ich bin glücklich, dass du mich eingeladen hast, dieses Buch zu schreiben.
Danke für dein Vertrauen!

INHALT

1.
PROLOG

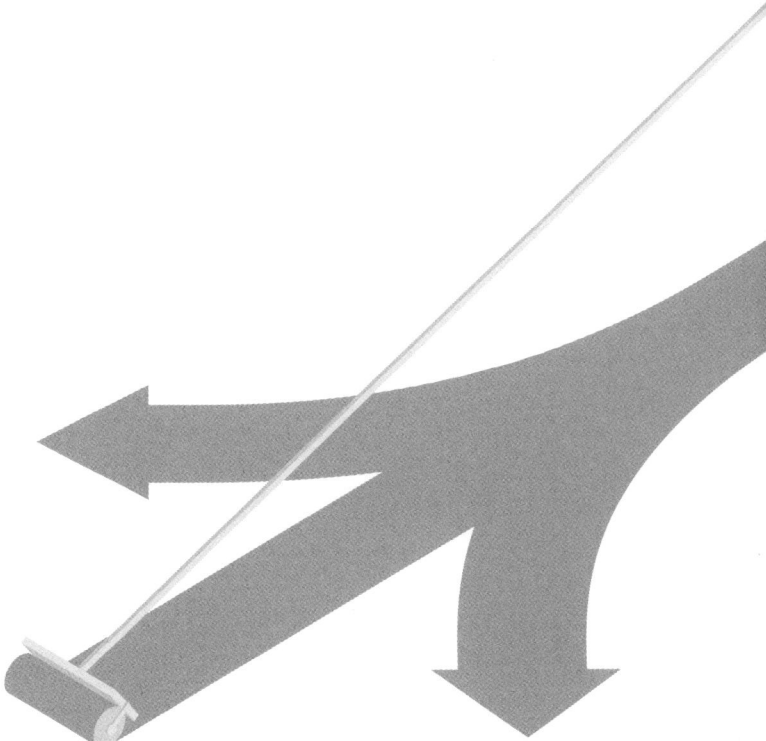

Diesen Nachmittag werde ich nie vergessen: Ich saß im farblosen Besprechungsraum unseres Büros im Ministerium, in dem ich acht Jahre als Juristin gearbeitet habe. Meine Stimmung war wieder einmal am Tiefpunkt. Ich war nur mehr genervt, zugeschüttet mit Aufgaben, die ich nur widerwillig erledigte. In diesem Umfeld fühlte ich mich wie in einem goldenen Käfig, aus dem ich nicht ausbrechen konnte. Jeden Tag fuhr ich mit Bauchweh in die Arbeit. Ich wusste, ich will anders arbeiten, ich muss hier raus!

Ich nahm meinen ganzen Mut zusammen, holte mein lang vorbereitetes Kündigungsschreiben aus der Schublade und machte mich auf den Weg zu meiner Chefin. Ich war überzeugt, heute den richtigen Schritt zu wagen. Und heute konnte mich niemand, wirklich niemand mehr davon abhalten. Ab sofort würde ich mein Leben selbst in die Hand nehmen und ganz bewusst entscheiden, wie ich arbeiten und leben würde. Ich konnte es noch nicht ahnen: Mein Leben sollte sich bald um 360 Grad drehen.

2.
ARBEIT AUF AUGENHÖHE?!

„UM EINE GERECHTERE, NACHHALTIGERE UND SOZIALERE GESELLSCHAFT ZU ENT-WICKELN, BRAUCHEN WIR EINE NEUE ART DES DENKENS. DAS WIEDERUM BENÖTIGT EIN NEUES VOKABULAR, WEIL WORTE UNSERE ART ZU DENKEN FORMEN."

RIANE EISLER[1]

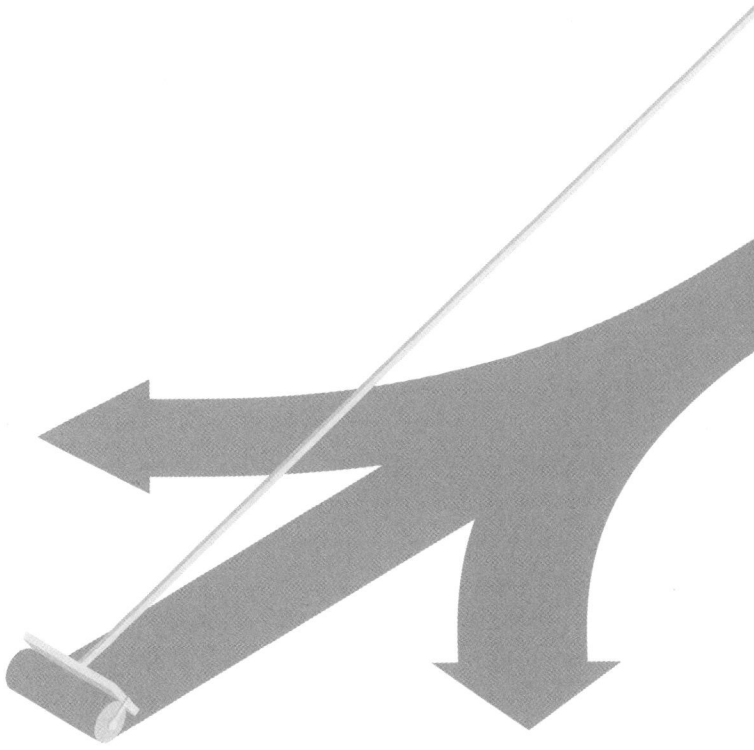

Wir stehen vor einem Paradigmenwechsel: Immer mehr Beschäftigte überlegen ihren Job zu kündigen, weil sie mit ihrer Arbeit unzufrieden sind. Lieber sind sie kurzfristig ohne Job, als sich für ihre Arbeitgeber:innen abzurackern. Die Pandemie hat viele Menschen dazu gebracht, ihre Arbeitssituation kritisch zu hinterfragen: Will ich so wirklich arbeiten? Die Antwort ist ganz offensichtlich: NEIN.

Die Gründe sind vielfältig, aber einer ist sicher, dass immer mehr Beschäftigte erschöpft und leer sind. Die Zahlen zeigen: Die Pandemie hat den Druck verstärkt, und die psychischen Belastungen steigen. Das trifft auch schon junge Menschen. Ihr Blick in die Zukunft ist düster, auch das zeigen die Studien. In den USA erkranken laut einer Gallup-Studie[2] bereits 76 % aller befragten Beschäftigten an Burn-out. Die Weltgesundheitsorganisation (WHO) benennt Burn-out als ein Phänomen, das aus chronischem Stress am Arbeitsplatz erfolgt, der nicht bewältigt wird.[3]

Gleichzeitig können wir fast täglich in den Medien vom Arbeitskräftemangel lesen. Egal ob große oder kleine Unternehmen, sie alle klagen, keine geeigneten, motivierten Mitarbeiter:innen zu finden. Ganze Branchen suchen heute händeringend geeignete Nachwuchskräfte, auch weil verabsäumt wurde, für die anschwellende Pensionierungswelle vorzusorgen. Der demografische Wandel und die veränderten Prioritäten der jungen Generation setzen sie unter Druck. Was tun? Die Fragezeichen sind bei den Arbeitgeber:innen groß.

Deshalb wird heute von einem Machtwechsel gesprochen: Arbeitgeber:innen bewerben sich bei den Mitarbeiter:innen und diese wählen dann sehr genau aus, für wen sie arbeiten wollen. Also ganz anders als früher. Unternehmen berichten, dass sich auf ihre Stellenausschreibungen häufig niemand meldet und die Liste der Anforderungen der Bewerber:innen im Bewerbungsgespräch immer länger wird. Studien zeigen, dass die junge

Generation heute nach völlig anderen Kriterien entscheidet: Sinn, Nachhaltigkeit, Wertschätzung und Mitgestaltung stehen ganz oben auf der Liste. Aber auch flexible Arbeitsmodelle und Weiterbildungsmöglichkeiten. Arbeitgeber:innen müssen handeln, um Mitarbeiter:innen zu gewinnen und zu halten.

Alte Paradigmen („Wir müssen alle schuften im Job für eine gute Pension!") sind jedoch noch weit verbreitet, es ist auch eine Generationenkluft zu beobachten. Meine Generation (Millennials) sehe ich hier in einer Scharnierfunktion: Wir sind dazwischen, sind oft zerrissen zwischen diesen alten Paradigmen (mit denen wir sozialisiert sind) und dem Bewusstsein, dass es so nicht weitergehen kann. Wir wollen eine faire, sozial nachhaltige Arbeitswelt, die nicht krank macht, in der die Menschen wachsen können und Sinn erkennen.

Das erfordert ein Umdenken, eine Abkehr von Paradigmen und einen Kulturwandel auf allen Ebenen: gesellschaftlich, politisch, persönlich. Und die Zeit drängt: Die gesellschaftlichen, wirtschaftlichen und ökologischen Rahmenbedingungen verändern rasant unseren täglichen Arbeitsalltag. Der Siegeszug der Künstlichen Intelligenz oder der spürbare Klimawandel gestalten die Arbeitswelt von heute grundlegend um, sodass niemand weiß, wie wir in 20 Jahren arbeiten werden. Wohin soll es also gehen? Die United Nations verpflichten sich mit ihren 17 Nachhaltigkeitszielen (Sustainable Development Goals, SDGs), dass in Politik und Wirtschaft auch Wohlbefinden, menschenwürdige Arbeit und Geschlechtergerechtigkeit angestrebt werden. Somit steigt auch von dieser Seite der Druck auf Arbeitgeber:innen und politische Entscheidungsträger:innen, ins Tun zu kommen.

Meine persönliche Erfahrung im Arbeitsleben hat dazu geführt, dass ich mich mit diesen Fragestellungen beschäftige. Gerechtigkeit und Wohlbefinden am Arbeitsplatz sind meine

Herzensthemen, für die ich mich leidenschaftlich einsetze. Das ist mein persönliches und politisches Anliegen: Acht Jahre arbeitete ich als Juristin im öffentlichen Dienst, war zunächst engagiert und bereit, mein Bestes zu geben. Ich bildete mich weiter, wollte mich weiterentwickeln und meine Arbeit mitgestalten. Doch ich stieß täglich auf unsichtbare Grenzen, die mich schließlich so erschöpften, dass ich umzudenken begann: Wie will ich eigentlich arbeiten? So begann meine Reise, die Inhalt dieses Buches ist.

Als ich lieber krank war, als ins Büro zu fahren, wusste ich, dass ich mein Leben radikal neu aufstellen musste. So entschied ich mich dazu, den Sprung ins kalte Wasser zu wagen und völlig neu zu starten. Mein Umfeld machte mir das nicht leicht („Du hast doch einen so tollen Job! Den kannst du doch nicht aufgeben!") – doch 2017 war es schließlich so weit und ich hängte meinen sicheren Job an den Nagel. Ohne eine neue Stelle in Aussicht, aber mit dem Wunsch, einen Job für mich zu finden, der mich nicht krank macht. Und ich habe es seither keinen Tag bereut.

Als ich 2017 begann, das Thema „Zukunft der Arbeit" zu erforschen, wusste ich noch nicht, dass die Covid-19-Pandemie die Transformation unserer Arbeitsbedingungen so rasant beschleunigen würde. Viel wird heute dazu diskutiert und ausprobiert, mit der Abkehr von der Präsenzkultur und der Etablierung des Homeoffice, mit unterschiedlichen Arbeitsplätzen (Homeoffice, Büro oder Co-Working-Spaces) und Online-Konferenzen. Die Vier-Tage-Woche wurde fixer Bestandteil der Diskussion. Spannend zu beobachten, wie plötzlich neue Wege möglich waren, vor denen man früher zurückgeschreckt war. Zudem wurde erstmals Arbeit als sozialer Ort richtig wahrgenommen, der uns Struktur, Halt und soziale Gemeinschaft bietet.

Bei aller Euphorie, dass endlich was passiert, gibt es aber auch die Schattenseite. Denn viele Menschen kommen da nicht mehr mit, fühlen sich abgehängt oder überfordert. Im Home-office musste plötzlich das Leben selbstständig neu organisiert werden. Viele verloren ihre Struktur und Orientierung. Und Mitarbeiter:innen, die sich verloren fühlen und überfordert sind, können gar nicht produktiv sein. Leider vergessen Arbeit-geber:innen oft darauf und schreiben bei ihren Reformen in-transparent von oben herunter vor, ohne die Mitarbeiter:innen einzubinden.

Besonders Visionärinnen hemmt diese fehlende Arbeitskul-tur auf Augenhöhe. Visionärinnen – das sind jene Frauen, die ich in meiner Forschung und Praxis näher untersuche. Ich sehe sie als die zentrale Gruppe für die Mitgestaltung einer sozialen Transformation der Arbeitswelt. Dazu zählen vor allem Frauen meiner Generation, die so wie ich ihre Arbeit mitgestalten wollen – im Interesse aller. Allerdings werden sie mit ihren Ideen, Er-fahrungen und Initiativen nicht gehört. Die Arbeitgeber:innen übersehen häufig dieses aktuell große Potential, denn gerade die jungen Visionärinnen sind die treibende Kraft: Sie wollen mit-gestalten, sie sind engagiert und warten darauf, endlich einge-bunden zu werden.

Doch stattdessen verkommen Initiativen, die dazu führen sollen, Unternehmen als moderne, attraktive Arbeitgeber:innen zu positionieren, zu einer Marketingshow, einem „Innovations-theater": Unternehmen tun viel, um sich zu profilieren, aber es passiert keine ehrliche Veränderung. Mehr dazu später in diesem Buch. Aber eigentlich haben Arbeitgeber:innen keine Zeit mehr, denn ohne engagierte Mitarbeiter:innen können die Firmen zu-sperren. Sie leiden bereits unter den wirtschaftlichen Folgen wie Lieferengpässen oder Produktionsausfällen. Die Corona-Pande-mie hat gezeigt, was möglich ist. Diese Chance muss jetzt ergrif-fen werden, um in bessere Arbeitsbedingungen und eine Arbeits-kultur auf Augenhöhe zu investieren.

Ich möchte mit diesem Buch zeigen, dass die New Work Revolution längst begonnen hat und jede:r selbst eine New Work Initiative starten kann. Egal ob Mitarbeiter:in, Personalmanager:in, Abteilungsleiter:in, Teamleiter:in, Geschäftsführer:in, alt oder jung, Mann oder Frau. Jede:r kann dazu beitragen, die Arbeitswelt fairer und gesünder zu machen. Was brauchen wir dazu? Nach Virginia Woolf, die forderte, jede Autorin benötige „ein Zimmer für sich allein"[4], heißt das: Auszeiten, finanzielle Absicherung, Werkzeuge und eine Gemeinschaft. Denn nur gemeinsam macht es Spaß, die Welt zu retten! Aus meiner Forschung und Beratungspraxis habe ich eine Toolbox zusammengestellt. Dafür habe ich die besten Strategien und Werkzeuge ausgewählt, um New Work Initiativen erfolgreich umzusetzen, und stelle sie in diesem Buch erstmals vor.

Trotz allem höre ich leider immer noch manchmal: „Wir müssen in Zukunft alle noch mehr schuften. Die jungen Menschen irren, wenn sie glauben, sie können weniger arbeiten." Aber glücklicherweise beobachte ich in den Kontrollräumen von Wirtschaft und Politik (wo ich mittlerweile als Expertin Teil davon bin) auch langsam ein Umdenken. So waren etwa bei einem Termin plötzlich der Wirtschaftsvertreter, der Geschäftsführer und der Landesrat auf meiner Seite und haben mit mir gemeinsam die anderen überzeugt, dass jetzt die Zeit gekommen ist, umzudenken. Meine Beratung von Vorstandsetagen, Führungskräften und Politiker:innen setzt hier an: Ich schaffe Bewusstsein, unterstütze dabei, neue Strategien und Ziele zu definieren und die Mitarbeiter:innen in die Entscheidungen einzubinden. Nur so können sie als Arbeitgeber:innen und somit das Land als Wirtschaftsstandort attraktiv sein.

Auch in Zukunft wird „New Work und die Arbeit der Zukunft" mein Thema bleiben. In der Bearbeitung dieses Buches haben sich jedoch zwei neue Fragen eröffnet, mit denen ich mich künftig intensiv beschäftigen werde. Die erste lautet: Wie können wir den Klimawandel und die Zukunft der Arbeit zusammendenken und neue Wege gehen? Im Sommer 2022 bin ich erstmals zu dieser Frage als Expertin beim Europäischen Forum Alpbach eingeladen, eine Diskussion zum Thema „Jobmotor Klimaschutz" zu leiten. Zu diesem Thema führe ich außerdem regelmäßig Gespräche mit Vertreter:innen aus Politik und Zivilgesellschaft.

Die zweite Frage ist zugleich persönlich und hochpolitisch: 2017 habe ich meine sichere, unbefristete Anstellung aufgegeben – und damit die rechtliche und soziale Absicherung einer Arbeitnehmerin. Als ich mich selbstständig machte, war diese plötzlich weg. Das Problem ist, dass das bestehende System nicht auf die Bedürfnisse von Gründer:innen ausgerichtet ist. Wir sind keine Großindustriellen, wir haben dieselbe Ausgangslage wie Arbeitnehmer:innen. Daher sind die aktuellen Rahmenbedingungen zu evaluieren und die Betroffenen selbst sind als Expert:innen einzubinden. Da sich immer mehr Menschen selbstständig machen und gründen, wird diese Frage in Zukunft immer drängender. Auch dazu führe ich Gespräche mit Vertreter:innen aus Politik und Zivilgesellschaft.

Eine spannende Frage der Zukunft wird auch sein: Wenn sich immer mehr Menschen selbstständig machen, brauchen wir dann überhaupt noch Arbeitgeber:innen? Arbeiten wir dann als vereinzelte Satelliten, vernetzt über digitale Plattformen der Gig-Economy oder in einem völlig neuen System?

WIEN, MEINE STADT

Bevor ich in den allgemeinen Teil des Buches einsteige, möchte ich noch lokalisieren, wo ich lebe, arbeite und dieses Buch schreibe. Ich denke, das ist wichtig, um zu verstehen, in welchem kulturellen Kontext wir uns befinden. Es macht einen Unterschied, ob ich das Buch in Berlin, New York, im Silicon Valley, in Kopenhagen oder eben in Wien schreibe. Wien ist meine Heimatstadt, in der ich sehr gerne lebe. Es ist eine europäische Stadt, die für ihre hohe Lebensqualität, gemütlichen Lebensstil, ihre Kunst und Kultur bekannt ist. Seit langem ist Wien aber auch für die soziale, geschlechtergerechte Stadtentwicklung ein weltweites Vorbild. Das Besondere an Wien ist, dass hier Vergangenheit und Zukunft so gleichzeitig spürbar sind. Die Rahmenbedingungen sind anders als im Silicon Valley. Dieser Sehnsuchtsort für Innovationsgläubige in den USA ist eine bei uns oft idealisierte Welt, geprägt von der Tech-Welt, von Selbstoptimierung, dem Streben nach dem schnellen Gewinn und Disruptionswahn. In Wien entstehen Ideen, die ein grundsätzlicher Gegenpol zur US-amerikanisch geprägten Arbeitskultur sind, die im gesamten deutschsprachigen Raum oft unreflektiert zitiert und kopiert wird. Die Zeit für Standardantworten ist vorbei. Spannender ist die Frage, wie wir eigentlich arbeiten wollen, der Austausch darüber und das Entwickeln ganz eigenständiger Lösungen.

In diesem Spannungsfeld aus Gemütlichkeit, Tradition, Kreativität und sozialer Stadtentwicklung entsteht eine besondere Wiener Melange. So wie viele bin ich fasziniert von der Wiener Moderne um 1900, der Salon- und Kaffeehauskultur, die es bis heute gibt. Hier geht es nicht darum, schnell mit einem Caffè Latte im Take-away-Becher zum nächsten Termin zu hetzen. Im Kaffeehaus lässt es sich schön entschleunigen. Hier wird dazu eingeladen, Geschichten zu erzählen, Menschen zu treffen und gemeinsam neue Ideen zu entwickeln. Ich arbeite und treffe viele meiner Termine im klassischen Wiener Kaffeehaus. Hier können wir ungestört philosophieren, trinken und essen, arbeiten und lesen. Daher arbeite ich in Wien anders, als ich es wahrscheinlich im Silicon Valley tun würde.

In Wien ist auch dieses Buch entstanden. Für mich ist es diese spezielle Reibung, die meine Arbeit hier so besonders macht: wenn ich neue Ideen, Eindrücke und Konzepte von meinen Auslandsreisen nach Wien mitbringe und sie hier im Austausch mit anderen diskutieren kann. Meine Reisen müssen nicht zwangsläufig an das andere Ende der Welt gehen. Viele Forscher:innen, Kreative oder Beschäftigte internationaler Organisationen leben zeitweise hier in Wien und lassen sich von dem Lebensgefühl anstecken. Dazu zählen berühmte Künstler:innen, wie Wes Anderson, der eine Ausstellung im Kunsthistorischen Museum konzipierte, oder Vivienne Westwood, die Kunststudierende an der Universität für angewandte Kunst unterrichtete.

So wurde Wien in den letzten Jahren trotz Nostalgie und Traditionalismus wieder zu der Metropole, die es schon einmal war. Auch viele junge Menschen, die in New York, Kopenhagen, Berlin oder Hamburg lebten, kommen nach Wien, kehren zurück in ihre Heimat und bringen ihre Erfahrungen ein. Sie stoßen auf dicke Wände und verschieben sie. Denn in meinem täglichen Umfeld kann ich beobachten, dass auch in dieser beschaulichen Stadt der Druck am Arbeitsplatz steigt. Auch die „nach unten treten, nach oben buckeln"-Mentalität ist bei uns ein weit verbreitetes Phänomen. Das bedeutet, dass Führungskräfte zu ihren Vorgesetzten übertrieben unterwürfig und zu ihren Kolleg:innen unfair und unsolidarisch sind.

Starre Hierarchien, Standesdünkel und Angst vor Veränderung sind der Alltag in vielen Unternehmen, und die Erneuerung dieser Arbeitskultur erfolgt nur zäh. Dafür ist auch ein generelles, gesellschaftliches Umdenken notwendig. Das beginnt bereits bei der Bildung der Kinder, denn das österreichische Schulsystem wurde vor mehreren Jahrhunderten erschaffen. Die Kompetenzen der Zukunft werden zu wenig unterrichtet: kritisches, vernetztes Denken oder die Fürsorge für sich und andere.

ARBEIT AUF AUGENHÖHE

Sicher ist jedenfalls, dass wirklich niemand weiß, wie wir in 20 Jahren arbeiten werden. Daher ist es wichtig, dass wir uns persönlich mit der Frage auseinandersetzen: Wie will ich eigentlich in Zukunft arbeiten? In der heutigen Arbeitswelt erleben wir starre Hierarchien, fehlende Freiräume und eine Führung von oben – ohne Mitgestaltungsmöglichkeiten. Viele Menschen sind damit sozialisiert und können nicht von heute auf morgen völlig anders arbeiten. Der Schlüssel ist daher die schrittweise Gestaltung einer Arbeitskultur auf Augenhöhe. Das heißt, Arbeitgeber:innen sind zunächst gefragt, ihren Mitarbeiter:innen zuzuhören: Ja, wir nehmen euch ernst und wollen wissen, was ihr denkt! Wir wollen eure Einwände hören und versuchen, sie umzusetzen! Wir laden euch ein, gestaltet mit und nehmt euch die Zeit, die ihr dafür benötigt. Wir als Arbeitgeber:innen werden alles tun, um euch die notwendigen Rahmenbedingungen zu geben. Euer Wohlbefinden ist unser Erfolgsfaktor, um gemeinsam die Herausforderungen der Zukunft besser zu bewältigen. Das ist die „Arbeit auf Augenhöhe", die ich im Buchtitel anspreche.

Gleichzeitig möchte ich den/die Leser:in ermutigen, sich selbst zu überlegen, wie er/sie in Zukunft arbeiten will. Mit diesem Buch gebe ich einen Überblick über die Arbeitswelt im Wandel und Handlungsfelder, die mit New Work eine nachhaltige Gestaltung der Arbeitswelt ermöglichen. Die Ideen, Konzepte, Strategien und Werkzeuge, die ich in den letzten Jahren in meinem Future Lab, auf Forschungsreisen, in den Projekten mit Schulen oder Unternehmen und in meiner Beratungspraxis entwickelt habe, stelle ich allen zur Verfügung, die selbst aktiv werden und dazu beitragen wollen, eine Arbeitswelt auf Augenhöhe zu etablieren. Hinter meinem Konzept von New Work steht die Idee, Arbeit im Einklang mit den eigenen Werten und

Vorstellungen zu gestalten. In jedem Kapitel teile ich in Infoboxen Buchempfehlungen aus meiner persönlichen New Work Bibliothek, die dazu einladen, tiefer in die angesprochenen Themen einzutauchen. Ich möchte Mut machen, einfach in kleinen Schritten loszustarten und mitzumachen. Dieses Buch ist mein Plädoyer für mehr Augenhöhe in der Arbeitswelt.

3.

BURN-OUT UND DIE SINNKRISE

„INCREASINGLY – AND INCREASINGLY AMONG MILLENNIALS – BURN-OUT ISN'T JUST A TEMPORARY AFFLICTION. IT'S OUR CONTEMPORARY CONDITION."

ANNE HELEN PETERSEN[5]

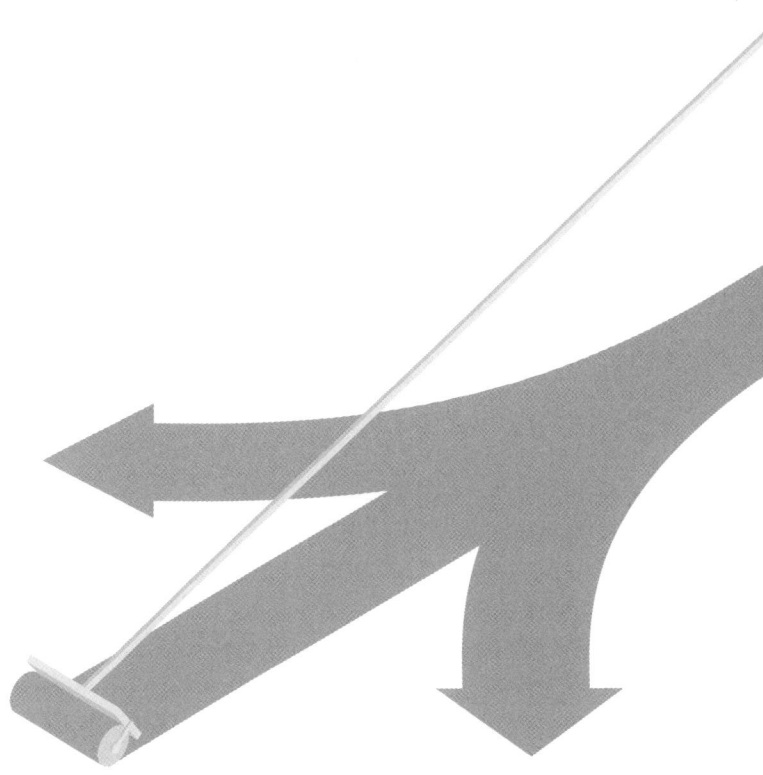

Lassen wir uns also jetzt auf eine Reise in die Welt der Arbeit ein. Das Thema Arbeit ist momentan allgegenwärtig – und wird es bleiben. In unserem täglichen Alltag, in unseren Träumen und Ängsten, in Gesprächen und Plänen, aber auch in Literatur, Filmen und in den Medien. Oft hören wir, die Arbeit sei im Wandel und in Zukunft werde sich alles ändern. Aber was heißt das eigentlich? Darüber nachzudenken ist wichtiger denn je, denn Expert:innen sind sich einig: Arbeit, wie wir sie kennen, wird sich in den nächsten Jahrzehnten radikal verändern. Leider haben wir kaum Zeit, uns damit zu beschäftigen.

Zu sehr sind wir im Stress und unter Druck in unseren Jobs. Viele fühlen sich überfordert. Sie spüren keine Lebensfreude mehr, fühlen sich fremdbestimmt und ohne Kontrolle über ihr eigenes Leben. Wer kennt nicht jemanden, der ein Burn-out hat oder hatte? Vielleicht sind wir selbst betroffen oder haben Angst, direkt ins Ausgebranntsein zu schlittern. Obwohl auf den Websites vieler Unternehmen mittlerweile steht, dass ein attraktives Arbeitsumfeld geboten werde, bleibt dieses Bemühen oft bloß an der Oberfläche. Der Unmut und der Wunsch nach Veränderung wachsen – gerade auch bei jungen Frauen.

Studien zeigen, dass Angehörige der jungen Generation selbstbewusst ein anderes Arbeiten einfordern. Sie hinterfragen Autoritäten, wollen kooperativer arbeiten, wünschen sich Sinn in der Arbeit, mehr Lebensqualität und ein super Arbeitsklima. Sie fordern eine ausgewogene Work-Life-Balance bereits im Bewerbungsgespräch. Es ist ein klarer Hilferuf, denn sie wollen nicht mehr täglich voller Frust die bittere Pille schlucken, die sie lähmt. Sie wissen genau, was schiefläuft und wie es besser gehen könnte. Doch sie werden nicht gehört.

Ihre Exit-Strategie: Sie ziehen sich zurück. In den USA und England hat sich für dieses Phänomen der Begriff „The Great Resignation" etabliert. Manche vollziehen die „innere Kündigung" und ziehen sich zurück, andere kündigen sofort und suchen besssere Arbeitgeber:innen. Eine steigende Zahl gründet ihr eigenes kleines Unternehmen und baut sich so eine Arbeitswelt, wie sie ihnen gefällt. Die Pandemie hat das beschleunigt und viele junge Menschen zum Nachdenken gebracht: Bin ich glücklich in meinem Job? Immer mehr kündigen, weil sie unzufrieden sind. So rumort es am Arbeitsmarkt.

DIE SINNKRISE

„Ein Viertel der Beschäftigten will den Job wechseln", titelt die Arbeitsklima-Index-Studie[6] der österreichischen Arbeiterkammer aus 2022. In der Pandemie haben besonders junge Arbeitskräfte ihre Arbeitssituation hinterfragt. Ein Paradigmenwechsel zeichnet sich ab: lieber ohne Job, als sich abzurackern. Der eindeutige Trend in den Zahlen: Im Jahr 2015 wollten noch 15 %, heute bereits 26 % der befragten Arbeitnehmer:innen ihren Job wechseln, da sie mit ihren Arbeit unzufrieden sind. Seit 1997 erhebt die Arbeiterkammer Daten zu Zufriedenheit und Arbeitsklima am Arbeitsplatz und misst mit dem Arbeitsklima Index, wie es den österreichischen Arbeitnehmer:innen in ihrer Arbeit geht. Der Index ist somit ein Maßstab für den wirtschaftlichen und sozialen Wandel und setzt unmittelbar beim Erleben der Erwerbstätigen an.

Die Pandemie hat das Bewusstsein von vielen noch einmal geschärft, dass unsere Arbeitskultur von überkommenen Mustern geprägt ist und es ihr an Fürsorge, Partizipation und Kreativität mangelt. Viele wollen schlechte Arbeitsbedingungen nicht mehr ertragen und daher ihren Job wechseln. Das gilt für Beschäftigte in sicheren Bürojobs und noch mehr für all jene, die in systemerhaltenden Berufen unser Leben erst ermöglichen, da sie für uns sorgen: Reinigungskräfte, Beschäftigte im Verkauf, in der

Pflege, in der Bildung oder in der Kinderbetreuung. In diesen Berufen arbeiten vor allem Frauen, die ihren Job oft gerne machen und Sinn darin sehen, aber sich unter fehlender Wertschätzung, schlechter Bezahlung und fehlenden Mitgestaltungsmöglichkeiten erschöpfen. Die genannte Studie zeigt daher ganz eindeutig: Bei Beschäftigten im Unterrichtswesen (25 %), im Gesundheits- und Sozialbereich (25 %) und besonders im Tourismus (41 %) ist der Wunsch nach einem Jobwechsel stark gestiegen.

Viele meiner Gesprächspartner:innen stellen sich die Frage: Macht meine Arbeit überhaupt Sinn? Gibt mir mein Job das, was ich brauche? Überall kann ich dieses zunehmende Unbehagen spüren. Die meisten beklagen ihren Job, die Rahmenbedingungen, unter denen sie arbeiten. Die Mehrheit ist grundsätzlich motiviert, doch lässt sie die traditionelle Arbeitskultur kraftlos zurück. Auf meiner Suche nach Literatur, die meine persönlichen Beobachtungen und Erfahrungen untermauert, bin ich auf den US-amerikanischen Anthropologen David Graeber aufmerksam geworden, der oft zitiert wird. Er prägte den Begriff „Bullshit Jobs"[7]. Seine These besagt, dass viele Jobs völlig nutzlos sind und die Menschen in ihrer Arbeit keinen Sinn sehen. „It's as if someone were out there making up pointless jobs just for the sake of keeping us all working", so Graeber.

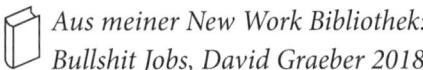 *Aus meiner New Work Bibliothek:*
Bullshit Jobs, David Graeber 2018

BURN-OUT

Das sind keine Einzelfälle und keine Luxusforderungen, wie manche meinen. Vielmehr fördert die Arbeitskultur, wie wir sie heute kennen, psychische Belastungen, Erschöpfung und Überforderung. Burn-out wurde so zu einem Phänomen, das besonders bei Millennials immer drängender wird. „Increasingly – and increasingly among millennials – burn-out isn't just a temporary affliction. It's our contemporary condition"[8], schreibt die Autorin Anne Helen Petersen.

Nicht nur ein paar „verwöhnte junge Menschen" leiden unter dieser Arbeitskultur, sondern immer mehr erkranken an Burn-out, unabhängig von Geschlecht, Beruf oder Alter. Menschen sind aus verschiedenen Gründen „burned-out", diese reichen von einem besonders großen Arbeitsumfang und dem Gefühl, nie fertig zu werden, bis zu fehlendem Raum für Kreativität und mangelndem Gemeinschaftsgefühl. Auch eine Atmosphäre, in der Menschen nicht ihre Meinung sagen können, fördert ein Umfeld, in dem Burn-out gedeiht.

ERFAHRUNGSBERICHTE AUS MEINEM FUTURE LAB

Ich untersuche für meine Forschung, wie besonders meine Generation (Millennials, auch Generation Y, ab Mitte der 1980er geboren) und die nachkommende Generation (Generation Z, ab Mitte der 1990er geboren) ihre Arbeitswelt erleben, was sie sich wünschen und welche Ideen und Vorschläge sie haben, um die Arbeitskultur auf Augenhöhe in der Praxis umzusetzen. Dabei nehme ich eine Genderperspektive ein und achte besonders darauf, wie junge Frauen arbeiten wollen. Diese Gespräche sind eine wichtige Grundlage für meine Beratung von Arbeitgeber:innen, da ich so die notwendigen Brücken baue, um Verständnis füreinander zu fördern. Die folgenden Geschichten demonstrieren sehr gut, woran (junge) Mitarbeiter:innen oft verzweifeln (Namen und Details wurden geändert):

Julia hat Wirtschaft studiert und ist vielseitig interessiert. Mit ihrem Partner und drei Kindern lebt sie in Wien und ist seit kurzem aus ihrer Elternkarenz zurück im Job. Eigentlich arbeitet sie gern. Sie freute sich schon auf das Büro, um endlich einmal Zeit für sich zu haben, konzentriert ihren Job zu erledigen und so eine Auszeit von der alleinigen Betreuung ihrer Kinder zu haben. Vor ihrer Abwesenheit schätzte sie die Arbeit im Team, auf das sie immer bauen konnte. Gemeinsam fanden sie Lösungen auch für die komplexesten Aufgaben. Früher hatte sie auch eine Chefin, die hinter ihr stand, sie unterstützte, wie eine Mentorin für sie war. Doch heute ist alles anders. Das Team ist weg, die Chefin auch, und keiner fühlt sich für sie verantwortlich. Ihr bleibt die Unsicherheit und das Unbehagen, eigentlich nicht gebraucht zu werden. Der soziale Aspekt der Arbeit, der Rückhalt fehlt ihr. Sie fragt sich, ob sie in Zukunft so arbeiten will.

Sabine, Juristin im öffentlichen Dienst, hat nach ihrem Studienabschluss ihren Job mit viel Vorfreude und Engagement begonnen. Sprühte sie anfangs vor neuen Ideen, wollte alles lernen und immer besser werden, hat sich nun eine bleierne Schwere eingeschlichen. In den langen Meetings würde sie am liebsten aufschreien: Was tut ihr hier eigentlich??! Sie ist frustriert, dass ihr Engagement nicht gefördert, sondern eher als lästig empfunden wird. Es fühlt sich für sie an, als würde sie gegen Betonwände rennen. „Das haben wir schon immer so gemacht", hört sie fast tagtäglich. Auf ihre eigene Initiative hin wurde ihr die Weiterbildung als zukünftige Führungskraft genehmigt. Sie hofft, die Chance zu bekommen, das vermittelte Wissen in der Praxis umsetzen zu dürfen.

Tina ist AHS-Lehrerin und möchte mit neuen Lernkonzepten den Alltag in der Schule für ihre Schüler:innen lebendiger gestalten. Doch im Lehrerzimmer erntet sie von ihren Kolleg:innen nur Kopfschütteln. Sie spürt keinen Rückhalt. Sie ist zerrissen zwischen ihrem Anspruch, eine gute Lehrerin für ihre Schüler:innen zu sein, und dieser fehlenden Unterstützung, die an ihrer Motivation nagt. Daher überlegt sie jeden Tag, ihren Beruf, den sie eigentlich liebt, an den Nagel zu hängen.

Johanna ist ausgebildete Friseurin. Sie hat ihre Lehre erst nach der Matura und einem abgebrochenen Studium begonnen. Obwohl der Job körperlich und psychisch fordernd ist, schätzt sie die Kreativität und den Freiraum, selbstständig zu arbeiten. Sie liebt ihren Beruf, obwohl sie oft kritisch gefragt wird, warum sie das macht – denn sie hat ja Matura. Sie wünscht sich nur ein Gehalt, das ihre Leistung anerkennt.

Tatjana ist Zahnarzthelferin in Ausbildung. Sie erzählt strahlend von ihrem Job, in dem sie Menschen helfen kann. Früher in Bewerbungsgesprächen hatte sie oft das Gefühl, nicht ernst genommen zu werden. Sie war traurig, dass ihr niemand eine Chance gab. Denn mit einer angeborenen Sehschwäche und Deutsch nicht als Muttersprache haben sie viele Betriebe abgelehnt. Doch jetzt hat sie einen Lehrbetrieb und ein Team gefunden, die sie fördern, aber auch fordern. Es ist eine Ausbildung, in der sie ständig Neues lernt und immer besser werden kann. Sie mag ihren Beruf und ist bereit, hart zu arbeiten. Sie hofft, dass das so bleibt.

Aber nicht nur junge Frauen sind betroffen: Peter ist Konditorlehrling. Er hat lang nach dem richtigen Job gesucht und ihn endlich gefunden. Er liebt das Backen, auch in der Freizeit, zeigt stolz Fotos davon und strahlt, wenn er von seinen Torten erzählt. Doch er kämpft mit den Arbeitsbedingungen. Manchmal ist er ganz allein im Betrieb, muss viel Verantwortung übernehmen und sehr lange arbeiten. Er hofft trotzdem, dass sich das bessern wird.

Josef, Journalist, liebt seinen Beruf und die Möglichkeit, Missstände in Politik und Gesellschaft aufzudecken. Doch er leidet unter dem andauernden Zeitdruck in der Redaktion, die aus Kostengründen immer kleiner wurde. Der Erwartungsdruck ist groß, die Bezahlung schlecht. Eigentlich hat er viele Ideen für spannende Geschichten, nur keine Zeit, sie auch umzusetzen.

Daher kündigt er seinen Job und geht ins Ausland, wo er eine Redaktion findet, die ihm Freiräume bietet und wo seine Ideen gefragt sind. Er bekommt den Rückhalt vom Chef und die Anerkennung, die er sich immer gewünscht hat.

4.

WIE SICH ARBEIT VERÄNDERT

„WIR BEFINDEN UNS AN EINEM KIPPPUNKT,
EINEM WENDEPUNKT DER WELTGESCHICHTE,
DER NICHT WENIGER VERLANGT ALS EINEN
GRUNDLEGENDEN WANDEL."

RIANE EISLER[9]

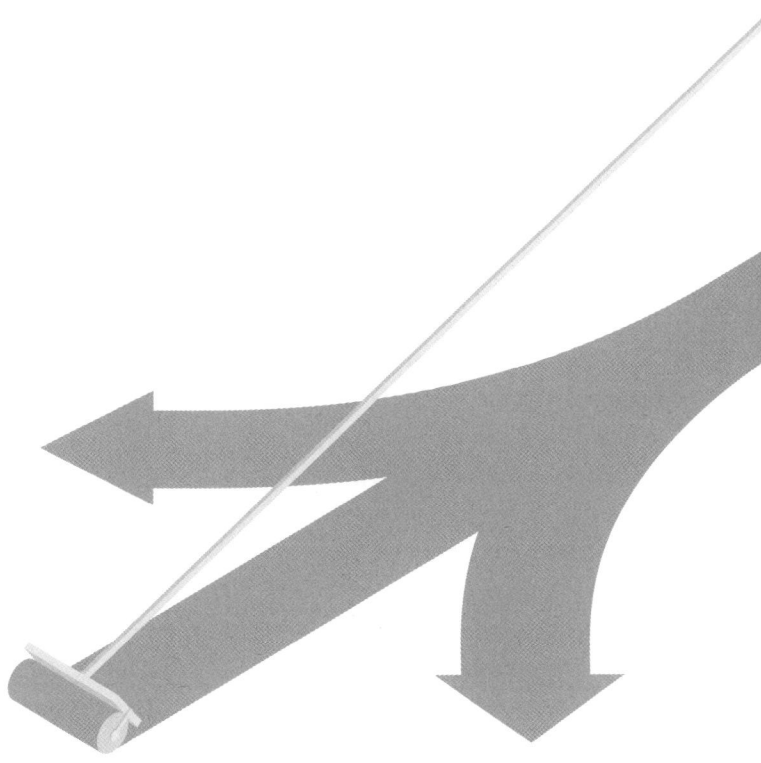

Die Revolution der Arbeitswelt, Arbeit im Wandel, Digitalisierung, Homeoffice und die Vier-Tage-Woche, Millennials wollen anders arbeiten – immer öfters lesen wir davon in Zeitungen oder im Internet. Die gesellschaftlichen, wirtschaftlichen und ökologischen Rahmenbedingungen verändern rasant unseren täglichen Arbeitsalltag. Digitale Technologien, Klimakrise, Pandemie, aber auch der demografische Wandel haben grundlegende Auswirkungen auf den Arbeitsmarkt. Laut allen demografischen Prognosen sinkt der Anteil der Personen im Haupterwerbsalter langfristig:

> *„Kurz zusammengefasst werden die Menschen in Österreich in den nächsten Jahren länger leben und sind damit im Durchschnitt älter. Das führt, verstärkt durch den Beitrag der Babyboomer, zu einem Rückgang des Anteils der Personen im erwerbsfähigen Alter. Erfreulicherweise werden die Menschen auch länger in Gesundheit leben und besser gebildet sein als bisher. (…) Es ist die Pensionierung der Babyboom-Kohorten zwischen 2020 und 2035, welche die österreichische Wirtschaft und den Sozialstaat vor Herausforderungen stellen wird. (…) Wenn wir zukünftig länger leben, wird es nur sinnvoll und logisch sein, auch länger zu arbeiten – vielleicht auch in einer neuen Abfolge von Familienarbeit und Erwerbsarbeit. Dies erfordert jedoch eine bessere Ausgestaltung der ‚Schnittstellen‘ zwischen diesen beiden Sphären (…). Wenn die fortschreitende technische Entwicklung es möglich macht, die menschliche Arbeit in vielen Bereichen durch Maschinen zu ersetzen, dann sind weitere Überlegungen zur Reduzierung der Erwerbsarbeitszeit, aber auch zur gerechten Verteilung des erwirtschafteten Wohlstands erforderlich. So können etwa Erziehung, Pflege und Betreuung (als Ausdruck personalen Wirkens im weitesten Sinne) einen neuen Stellenwert erhalten und zur Lebensqualität jenseits des Materiellen beitragen. Ein neuer Arbeitsbegriff, der auch andere For-*

men von Arbeit (über die derzeitige ‚Erwerbsarbeit' hinaus) in den Blick nimmt, diese besser als bisher wahrnimmt, bewertet und (zum Beispiel durch das Steuer- und Transfersystem) abgilt, kann zur Grundlage eines erneuerten Generationen- und Gesellschaftsvertrags werden." Aus „Demographischer Wandel – geänderte Rahmenbedingungen für den Sozialstaat?" Bundesministerium für Arbeit, Soziales, Gesundheit und Konsumentenschutz[10]

So schnell die Transformation voranschreitet, so stetig steigt der Druck auf die Menschen. Für alle, die kaum mehr ihre Miete zahlen oder höheren Lohn für ihre Arbeit fordern können, wächst auch die Gefahr, abgehängt zu werden, also nimmt die soziale Ungleichheit zu.

WO WIR DIE VERÄNDERUNG SEHEN

Woran können wir die Veränderung der Arbeitswelt konkret festmachen? Offensichtlich ist, dass wir täglich mit digitalen Technologien konfrontiert sind, die es ermöglichen, unsere Büroarbeit überall zu erledigen. Apps nehmen uns organisatorische Tätigkeiten ab, in Clouds haben wir ständig Zugriff auf unsere Arbeit. So sind wir dauernd „on air" und erreichbar. Gleichzeitig müssen wir ständig lernen, uns anpassen, uns weiterbilden, neue Kompetenzen erwerben. Schauen wir uns vier konkrete Felder an, in denen sich die Transformation schön zeigt:

1. Arbeitsgestaltung
2. Gendergerechtigkeit und Diversität
3. Führung und Leadership
4. Bildung und Kompetenzen

1. ARBEITSGESTALTUNG

Wie kann Arbeit weniger mühsam gestaltet werden? Das ist eine Schlüsselfrage für die Zukunft. Denn die kollektive Erschöpfung ist in jedem persönlichen Gespräch spürbar. Der Satz „Ich bin so im Stress!" ist normal geworden. So erklärt sich der Wunsch der jungen Generation nach Teilzeit, Vier-Tage-Woche oder Work-Life-Balance. Ich kann mich in diesem Zusammenhang an ein Gespräch mit einem Rechtsanwalt über die veränderte Arbeitswelt für Jurist:innen (also meine Grundprofession) erinnern. Er erzählte mir, dass er dem Nachwuchs in seiner Kanzlei ein gutes Ausbildungsverhältnis anbieten möchte. Er finde die Vereinbarkeit von Familie und Beruf sehr wichtig. Allerdings könne er nicht verstehen, dass die jungen Bewerber:innen immer öfter nach Work-Life-Balance im Job fragen. Denn das widerspreche dem Berufsbild von Anwälten und Anwältinnen, die immer für ihre Klient:innen erreichbar sein müssten.

Die spannende Frage ist aber, ob es nicht doch möglich wäre, beides zu vereinen. Es kann helfen, die eigenen Paradigmen zu hinterfragen. Ist es wirklich nicht möglich, auch als Anwalt oder Anwältin eine ausgewogene Work-Life-Balance zu haben? Oder können wir von der jungen Generation lernen und einen neuen Weg gehen, im Einklang mit unseren menschlichen Bedürfnissen? So könnten die Anwält:innen mit ihren Klient:innen klare Regeln für Erreichbarkeiten und Meetings vereinbaren. Telefonate und Treffen nach 16 Uhr könnten so in Zukunft der Vergangenheit angehören. Why not?!

Interessant ist, dass die Work-Life-Balance gleichzeitig etwas den Glanz verloren hat und emotional kritisiert wird – warum eigentlich? Dieser Begriff gebe den Anschein, dass Arbeit und Leben zwei Bereiche sind, die erst ausbalanciert werden müssten. Ich sehe das viel entspannter, denn für mich spricht der

Begriff einfach nur an, was sich immer mehr Menschen unabhängig vom Alter wünschen: höhere Lebensqualität, mehr Zeit, weniger getrieben zu sein. Und wer kennt das nicht: Wir haben immer weniger Zeit, rennen im Hamsterrad und fragen uns, ob das alles war.

BÜROS DER ZUKUNFT

Vor der Covid-19-Pandemie beobachtete ich, dass immer mehr Unternehmen neue Büros planten. Doch mit den Lockdowns veränderte sich das schlagartig. Ich höre jetzt öfters, dass ein Mittelweg geplant ist: zwischen Büros, Homeoffice und Co-Working-Spaces. Für die Unternehmen bedeutet das, Kosten für teure Büros einzusparen, und viele Menschen wollen die Möglichkeit, im Homeoffice zu arbeiten, auch nach der Pandemie nicht wieder aufgeben. Also warum überhaupt noch Büros?[11] Magst du einen Kaffee trinken? Ich habe da eine Idee, können wir uns kurz zusammensetzen? Das sind Sätze, die nur vor Ort, in den Büros passieren. Dort können wir auch unsere sozialen Beziehungen pflegen, füreinander da sein. Auf den Gängen und in den Büros unserer Arbeitsplätze entstehen Gespräche, werden neue Ideen geboren und Beziehungen vertieft. Auf dem kurzen Weg werden Informationen geteilt. Dieser Austausch schafft Nähe, und genau diese ging vielen Mitarbeiter:innen in den Lockdowns ab. Es gibt Unternehmen, die ihre Büroflächen reduzieren oder überhaupt auflösen. Doch wo findet dann diese Begegnung statt?

Das Wiener Forschungsinstitut CeMM nutzte die Ausgangsbeschränkungen und die vermehrte digitale Kommunikation dazu, kleine Wettbewerbe zu veranstalten, um den Austausch im Homeoffice zu erhalten. So wurden die Mitarbeiter:innen eingeladen, gemeinsam Kochrezepte nachzukochen oder Schutzmasken zu bemalen und die Ergebnisse zu teilen. Mit einfachen

Mitteln und viel Kreativität wurde versucht, die Stimmung zu heben. Doch natürlich ist die Voraussetzung, dass die Unternehmenskultur und das Arbeitsklima dazu passen. Denn wer sich abgehängt fühlt, wird hier wahrscheinlich nicht mitmachen.

Bereits vor der Pandemie war es im Trend, neue Büros zu bauen, in denen die Mitarbeiter:innen keinen fixen Arbeitsplatz mehr haben. Auch so können Kosten reduziert werden, in manchen Bürokomplexen gibt es dann nicht mehr für jede:n Mitarbeiter:in einen eigenen Schreibtisch. Hinter solchen Bürokonzepten steht auch die Idee, dass Hierarchien abgebaut werden sollen, denn wenn niemand mehr einen fixen Arbeitsplatz hat, dann deine Chefin auch nicht. Nach dieser Logik verliert auch der Vorstandsvorsitzende sein Büro – wie schnell sich das in der Realität umsetzen lässt, steht auf einem anderen Blatt.

Bei diesen sogenannten Jumpseat- oder Hot-Desk-Arbeitsplätzen suchen sich die Mitarbeiter:innen jeden Tag in der Früh ihren Sitzplatz im Bürokomplex. Jede:r hat dann einen eigenen Schrank, wo die Arbeitsutensilien verstaut werden. Ressourcen werden so eingespart. Angeblich fördert das die Kreativität und den Austausch. Mein Forschungsprojekt „In the Studio", bei dem ich die Ateliers von Künstler:innen besuchte, zeigt klar, dass Menschen, die das können, bevorzugt die Arbeitsräume ihren persönlichen Bedürfnissen entsprechend gestalten. Wie schon ein Blick in die Kunstgeschichte zeigt: Jedes Künstler:innenatelier sieht anders aus. Persönliche Präferenzen unterscheiden sich, manche brauchen Ruhe, Rückzug und viele Pflanzen im Büro, anderen reicht der graue Schreibtisch, und sie schätzen viel Trubel und Austausch jederzeit.

Als weiteres Forschungsprojekt untersuchte ich 2019, wie sich die Gestaltung von Büros verändert. Meine Ergebnisse fasste ich in diesem Blogbeitrag zusammen (Auszug):

„Die zunehmende Digitalisierung verändert unsere gewohnten Arbeitswelten. Mit Smartphones, Laptops und Clouds können wir 24/7 im Bett oder am Strand arbeiten. Die Grenze zwischen Arbeit und Privatem löst sich immer mehr auf. Homeoffice, Jumpseat-Desks oder Co-Working-Space anstatt Einzelbüro im Firmensitz.

Niemand kann mit Sicherheit vorhersehen, wie unsere Arbeitswelt in Zukunft tatsächlich aussehen wird. Trotzdem werden heute schon weltweit neue Büros erbaut. Oft ohne Rücksicht auf unsere menschlichen Bedürfnisse.

Doch wo und wie wollen wir arbeiten? Eva, die freie Journalistin, am Frühstückstisch, da sie hier Licht und Atmosphäre liebt. Thomas, der Beamte, schätzt sein Einzelzimmer mit Familienfotos am Schreibtisch, das er auch mal abschließen kann. Julia, die IT-Angestellte, wechselt jeden Tag im Großraumbüro ihren Arbeitsplatz, bevorzugt aber ihr Homeoffice. Für Mascha, die Architektin, ist es ihr Büro im sanierten Altbau mit offenem Raumkonzept und individueller Note.

Wir verbringen viele Stunden unseres Lebens dort und möchten uns dort wohlfühlen, als ganze Menschen wahrgenommen werden. Dieser Ort soll unseren individuellen Bedürfnissen entsprechen. Eine Kurzumfrage in meinem persönlichen Umfeld ergab, dass das Büro mehr ist als nur der Ort, an dem wir arbeiten. Es gibt uns Sicherheit und Halt, ermöglicht Austausch und neue Ideen. Aber die Realität ist für viele anders: Anstatt Einzelbüros mit persönlichen Schreibtischen gibt es nun laute, unpersönliche Strukturen und Shared-Working-Stations. Schon mal was von Büros mit Jumpseat-Desks, Paperless Office, Clean-Desk-Policy gehört?

Diese neuen Formen der Gestaltung von Büros sollen Arbeitsabläufe beschleunigen, sollen die interne Kommunikation erleichtern und durch bewusst gesteuerte Kreativität mehr Innovation ermöglichen. Im Vordergrund: Effizienzsteigerung anstatt individueller Bedürfnisse. Zunehmend lässt sich beobachten, dass Menschen von dieser Form von Flexibilisierung überfordert sind. Ohne Schutz des persönlichen Arbeitsplatzes nehmen Burn-outs und Erkrankungen zu. Das perfekte Arbeitsumfeld sieht anders aus.

Eine von neuen Technologien geprägte Arbeitswelt kommt vermutlich auch ohne diese Arbeitsräume aus. Doch für Unternehmen sprechen einige Gründe dafür, weiterhin auf Büros zu setzen (…): 1. Aufgaben und Tätigkeiten können effizienter erledigt werden, 2. die Kommunikation wird erleichtert, 3. sie haben eine bedeutende Rolle für die Identität des Unternehmens.

Aus Sicht der Menschen ist es das Bedürfnis nach Gemeinschaft, Zugehörigkeit und persönlichen Gesprächen, das gemeinsame Arbeitsorte auch in Zukunft wahrscheinlich macht. Angelika Fitz betont in ihrem Buch ‚Arbeitende Orte' (…), dass selbst die digitale Boheme auf Dauer unzufrieden mit improvisierten Heim- und Kaffeehausbüros ist und sich in Co-Working-Arealen organisiert.

Die britische Tageszeitung The Guardian berichtete im Juni 2017 über das geplante neue Google Headquarter London, Baubeginn 2018: ‚Floor plans for the building show a wellness centre containing gyms, massage rooms, a narrow swimming pool and multi-use indoor sports pitch, and a rooftop garden split over multiple storeys and themed around three areas: a plateau, gardens and fields, planted with strawberries, gooseberries and sage.'

Können wir nun in Zukunft mit Wohlfühloasen rechnen? Raphael Gielgen, Trendforscher des Schweizer Möbel-Unternehmens VITRA, ist davon überzeugt, dass das Büro der Zukunft Halt und Orientierung gibt. Er sieht eine Renaissance von Headquarter, Büro und Campus, da sich Menschen nach Gemeinschaft sehnen. Es sind kuratierte Orte mit Charakter, die der Community eine Heimat bieten, so der Experte (…)."[12]

Ich hatte in meinem Job als Juristin im Ministerium einen fixen Arbeitsplatz im Zweierbüro. Dieses war funktional, ruhig und ich konnte meine persönliche Note mit kleinen Details wie Postkarten, Fotos, Büchern oder Magazinen gestalten. Manche Kolleg:innen hatten ganze Treibhäuser voller Pflanzen in ihren Büros, andere viele persönliche Fotos und einen Radio laufen. Für mich war dieser fixe Arbeitsplatz eine Andockstation, wenn es wieder anstrengend und überfordernd wurde in meinem Job. Hier konnte ich mich zurückziehen und zur Ruhe kommen. Als ich dann 2017 kündigte, suchte ich mir einen Co-Working-Space, wo auch andere Gründer:innen, Selbstständige oder auch externe Mitarbeiter:innen von IT-Start-ups arbeiteten. Außerdem arbeitete ich in Cafés, Bibliotheken und als Gast in Büros von Freund:innen.

Ein schönes Beispiel für die Gestaltung von Arbeit und Büros, die zu den eigenen Bedürfnissen passen, ist ein familiär geführter Co-Working-Space in einer ehemaligen Kaffeemühlenfabrik in Wien. Die Gründerin, eine Musikerin mit Begeisterung und Liebe zum Detail, hat für sich und andere Kreativschaffende einen Wohlfühlraum geschaffen. Hier trifft man sich unter einem Dach, um nicht mehr alleine zu arbeiten. Im Co-Working-Space arbeiten viele selbstständig, aber auch in Kollektiven oder für ein internationales Unternehmen. Eine Grafikerin, die im Space arbeitet, hat für alle einen Adventskalender gebastelt, der Kaffee wird frisch gemahlen, passend zur Jahreszeit sind die Räume weihnachtlich dekoriert. Es ist auch eine Flucht vor dem Homeoffice, in dem sich viele der Nutzer:innen einsam gefühlt haben.

Für eine sinnvolle Arbeitsgestaltung, die uns nicht krank macht, sind Wahlmöglichkeiten zwischen Büro, Homeoffice und Co-Working-Space sehr wichtig. Das ist die Antwort der Zukunft: So haben wir einen Arbeitsort, an dem wir uns treffen, aber auch die notwendige Flexibiliät, von zu Hause zu arbeiten.

2. GENDERGERECHTIGKEIT UND DIVERSITÄT

Es ist Alltag in meinem Job, und doch habe ich das Gefühl, langsam verändert sich die Schieflage: Denn sehr oft sitze ich als Expertin und Beraterin als einzige junge Frau in Sitzungen, in denen über die Zukunft beraten wird. Mit mir am Tisch sind meist weiße Männer in schwarzen Anzügen, die über die Zukunft der anderen entscheiden. In diesen Räumen spüre ich, dass ich da nicht dazugehöre. Nicht, dass meine Gesprächspartner unhöflich wären. Nein, vielmehr bin ich „die Andere". Wenn ich einen Raum mit meinen blonden Haaren, rotem Lippenstift, einem auffällig gemusterten Kleid und Lack-Plateauschuhen betrete, bekomme ich völlig andere Blicke als meine männlichen Gegenüber. Sie haben nicht nur andere Kleidung an (Anzug oder den „Silicon-Valley-Look" mit weißen Sneakers), sondern verhalten sich anders, treten anders auf.

Für mich war es eine bewusste Entscheidung, dass ich mich in diese Räume begebe, um gehört zu werden. Denn ich wollte Bewusstsein schaffen und Brücken bauen: In den männlich dominierten Führungsetagen herrschen ganz andere Vorstellungen, auch die Erfahrungswelten sind völlig anders als meine. Erfolgreiche, männliche Führungskräfte haben andere Probleme und Herausforderungen. Für viele ist es normal, dabei unterstützt zu werden, die Karriereleiter hinaufzusteigen, oder dass ihnen die Partnerin die Fürsorgearbeit abnimmt: Kinder, Familie, Hund, Haushalt.

In diesen Kontrollräumen, wo Entscheidungen über die Zukunft ohne die Betroffenen getroffen werden – beim Workshop für Personalmanager:innen, dem politischen Arbeitsmarktgipfel oder dem persönlichen Gespräch mit der Geschäftsführung –, beobachte ich einen Generationenwechsel. So sitzen mir immer öfter Frauen in meinem Alter gegenüber, die nun Junior-Führungsrollen einnehmen (die gleichaltrigen Männer sind dann oft schon im Vorstand gelandet). Gendergerechtigkeit ist wichtig, und das haben immer mehr Unternehmen verstanden. Auch weil es ein Entscheidungskriterium für die junge Generation ist, in einem Unternehmen zu arbeiten, wie Studien zeigen.

In unseren Köpfen lebt dennoch weiterhin ein Rollenbild, das bestimmte Menschen von der Position einer Führungskraft ausschließt, wie ich gleich beschreiben werde. Obwohl gerade junge Frauen mit Qualifikation, Talent und sozialen Kompetenzen die Voraussetzungen mitbringen. Stellen wir uns die klassische Führungskraft vor: Welches Bild taucht hier sofort vor dem inneren Auge auf? Ist es ein Mann im Anzug? Oder eine quirlige, junge Frau, die gerne Lippenstift trägt und kurze Kleider? Für ein neues Rollenbild sind hartnäckige Vorurteile abzubauen und neue Bilder zu entwickeln. Gerade junge Frauen sind ausdrücklich einzuladen, sich für Führungspositionen zu bewerben. Oft sind junge, engagierte Mitarbeiterinnen, mit denen ich spreche, unschlüssig, ob sie überhaupt eine Führungsrolle übernehmen wollen. Die Rahmenbedingungen für Führungskräfte sind nicht gerade attraktiv; Familiengründung und gute Lebensqualität lassen sich damit kaum verbinden. In meinem Artikel „Arbeit neu denken, auf Augenhöhe treffen. Praktische Perspektiven auf den digitalen Wandel der Arbeitswelt" (2020) fasse ich zusammen, was Arbeitgeber:innen tun können, um mehr weibliche, junge Führungskräfte zu gewinnen:

> *„Besonders junge Frauen sind zu ermutigen, Verantwortung zu übernehmen. Dabei hilft es, Vorbilder sichtbar zu machen und begleitende Weiterbildungen, Supervision und Coaching anzubieten."*[13]

Auch die Begriffe „Diversität" und „Inklusion" tauchen in der Diskussion rund um den Personalmangel immer häufiger auf. Es scheint sich langsam das Bewusstsein in den Führungsetagen durchzusetzen, dass Vielfalt ein wichtiger Faktor ist, um Mitarbeiter:innen zu finden. Die Studien zeigen: Gerade für die junge Generation ist die Diversität in Teams und Führungsetagen dafür ausschlaggebend, ob sie sich für ein Unternehmen als Arbeitgeber:in entscheiden. Kaum jemand will in einem Büro arbeiten, in dem alle gleich alt und männlich sind. Bei Diversität ist die Vielfalt der Menschen gemeint: Geschlecht, Alter, ethnische Herkunft, sexuelle Orientierung bis zu körperlichen und geistigen Fähigkeiten und darüber hinaus. So hat sich herumgesprochen, dass Gendergerechtigkeit, Diversität und Inklusion wichtige wirtschaftliche Erfolgsfaktoren sind. Doch junge Talente, die erkennen, dass hinter dem Schlagwort „Wir machen Diversität" nur schöne Worte stehen, lassen sich nicht nachhaltig an das Unternehmen binden.

Im Frühjahr 2022 war ich als unabhängige Expertin eingeladen, einen Vortrag zur Frage „Was tun gegen den Fachkräftemangel?" bei einem politischen Gipfel für Arbeit und Wirtschaft in Österreich zu halten. In dieser Runde aus Politiker:innen und Interessensvertretern aus Wirtschaft und Arbeit (nur männlich), machte ich darauf aufmerksam, dass viele Gruppen von den Unternehmen erst gar nicht als „attraktive Arbeitskraft" wahrgenommen werden. So drehte sich die Diskussion plötzlich um Inklusion. Mit dem Beispiel zeigt sich gut, wie wichtig Sensibilisierungsarbeit ist, da das Bewusstsein über bestimmte Problemstellungen fehlt.

3. FÜHRUNG UND LEADERSHIP

Nur träge verändern sich also die Bilder, was eine gute Chefin oder einen guten Chef ausmacht. Wer die ZDF-Filmreihe „München Mord" kennt, weiß, wie der stereotypische schlechte Chef aussieht. „Sie sind wie ein Radfahrer: nach oben buckeln und nach unten treten!" oder „Warum haben Sie nicht endlich mal Vertrauen in uns?", sagt die Polizistin Angelika zum Chef der Kriminalpolizei. Dieser ist ein Chef der alten Schule, wie aus dem Bilderbuch: eitel, cholerisch, ungerecht. Ihr Teamleiter aber stellt sich immer hinter sie und bekommt selbst sein Fett ab. Nur gut, dass der etablierte Kommissar keine Angst vor dem Ober-Chef hat und ihn mit bissigen Kommentaren in die Schranken weist.

Obwohl im aktuellen Management-Diskurs unbestritten scheint, was gutes Leadership ausmacht, gibt es sehr viele unqualifizierte Führungskräfte, denen vor allem die notwendigen Führungsqualitäten und die Empathie fehlen. Viele dieser Führungskräfte glauben, alles besser zu wissen, und treffen jede Entscheidung allein und über die Köpfe der Mitarbeiter:innen hinweg. Gleichzeitig fühlen sich vor allem im mittleren Management viele überfordert und alleingelassen. Der Druck auf sie ist enorm. Von oben und von unten prasseln ständig Erwartungen auf sie ein. Immer weniger Menschen wollen diesen Druck aushalten. So landen naturgemäß noch immer jene in den Spitzenpositionen, die am wenigsten Skrupel und Feingefühl besitzen. Mehr und mehr junge Menschen fordern aber von ihren Führungskräften, Vorbild und Coach:in zu sein. Das widerspricht allerdings dem alten Rollenbild einer Führungskraft.

War es früher für viele erstrebenswert, Chef:in zu sein, wollen heute immer weniger (junge) Menschen diesen Druck aushalten. Die Süddeutsche Zeitung veröffentlichte im Mai 2022 einen Artikel zu diesem Thema mit dem vielversprechenden Titel „Millennials wollen nicht mehr Chef werden"[14]:

„Die Entfaltung der eigenen Persönlichkeit, kreativ sein, eigene Ideen verwirklichen, mitgestalten können – all das ist für Millennials laut einer Studie des Frankfurter Zukunftsinstituts wichtiger als das Erklimmen der Karriereleiter und damit das Führen. Das

Problem ist jedoch: Unternehmen brauchen Chefs. Zumindest, wenn sie so organisiert sind, wie sie es derzeit noch sind. Klar hierarchisch. Und was tun, wenn da eine Generation kommt, die dabei nicht mitmacht? Das bedeutet für die Unternehmen zwangsläufig: Sie müssen sich verändern. Und das tut immer weh.«

Der Artikel schildert einen konkreten Fall:

»Mehrmals hätte Irena W., 40, aufsteigen können in der Unternehmensberatung, in der sie arbeitet. Sie sah genau vor sich, was das für sie bedeuten würde, sie hatte ja seit Jahren vor Augen, wie ihre Chefs arbeiteten. ,Viel Arbeit, wenig Sinn', so fasst sie es zusammen: Unternehmen beraten, wie sie Menschen dazu bringen können, noch mehr zu kaufen, noch mehr zu konsumieren, noch mehr Geld auszugeben. Und das dann noch in leitender Funktion? Na, danke.«

Das Wohlbefinden am Arbeitsplatz kann schlagartig umschlagen, wenn man eine neue Führungskraft vorgesetzt bekommt. Schnell verschwindet die Freude am Job, wenn die Neubesetzung unfair ist. So erzählte mir eine motivierte, junge Managerin begeistert von ihrem Job, war selbst engagierte Führungskraft und schätzte, dass sie Raum für eigene Initiativen hatte. Nur wenige Monate später traf ich sie und sie wirkte völlig ausgewechselt. Die Lebensfreude in ihrem Gesicht war weg, sie wirkte verärgert und frustriert. Sie erzählte mir, dass sie sich nicht mehr wertgeschätzt fühlte, übergangen wurde und unter dem fehlenden Vertrauen ihrer Führungskräfte litt.

Im Rahmen eines Projekts meines Future Labs in einem Wiener Gymnasium erarbeitete ich mit den Schüler:innen, was ein guter Chef oder eine gute Chefin ist. Sie diskutierten mit ihren Mitschüler:innen ihre Vorstellungen, Wünsche und visualisierten ihre Ideen. Die Klassenlehrerin und ich unterstützten, hörten aufmerksam zu und lernten von ihren Gesprächen und Gedanken. Erstaunlich klar und pragmatisch formulierten – vor allem die Mädchen – ihre Bedürfnisse und Wünsche:

> *„Böse Chefs werden aussterben. Wer kommt? Führungskräfte, die unterstützen, nicht abwerten und kontrollieren."*
> *„Mein Chef / meine Chefin soll Leitfigur sein und wissen, wie man Menschen behandelt, fair sein und eine Vision vorgeben."*
> *„Mein Chef / meine Chefin soll motivierend sein."*

Langsam verändert sich das Rollenbild von Führungskräften. Immer öfter höre ich jetzt: Eine gute Führungskraft schafft den Rahmen, in dem alle gut arbeiten können und die unterschiedlichen Persönlichkeiten Raum bekommen und gehört werden. Sie bemüht sich um eine gute Stimmung, ist also auch ein:e „Feelgood-Manager:in". Eine gute Führungskraft fragt regelmäßig bei Teambesprechungen: Wie geht es euch? Was braucht ihr, um gut arbeiten zu können? Sie stärkt ihren Mitarbeiter:innen den Rücken und gibt Feedback. Sie lebt vor, Dinge auszuprobieren, und dass es okay ist, zu scheitern. Sie vertraut ihrem Team, kommuniziert transparent Ziele und Entscheidungen, unterstützt bei der Konfliktlösung im Team und stellt sich im Zweifelsfall hinter ihr Team.

Im Jänner 2020 führte mich meine Forschungsreise (Learning Journey) „Was können wir von der skandinavischen Arbeitskultur lernen?" nach Kopenhagen, wo ich eine andere Leadership-, Fehler- und Vertrauenskultur kennenlernte. In den Gesprächen mit dänischen Führungskräften hörte ich, welche Vorteile es hat, mit Vertrauen zu führen und so Freiräume zu schaffen. Dazu zählt, dass ihre Mitarbeiter:innen eigenverantwortlich im Team zusammenarbeiten. So bleiben nicht alle Entscheidungen bei ihnen, und die Verantwortung wird geteilt.

10 GEBOTE FÜR GUTE FÜHRUNGSKRÄFTE

Gebot 1:   Hört euren Mitarbeiter:innen zu

Gebot 2:   Lead by example – Lebt es vor

Gebot 3:   Fördert Transparenz und vereinbart
klare Regeln

Gebot 4:   Schaut über den Tellerrand, geht neue Wege

Gebot 5:   Bildet euch weiter, und lasst euch coachen

Gebot 6:   Ladet eure Mitarbeiter:innen ein, Ideen
einzubringen, auch die introvertierten

Gebot 7:   Bietet Freiräume für Experimente und
Kreativität

Gebot 8:   Gestaltet eine Arbeitskultur, die auf Wohlbefinden, Gerechtigkeit und Vielfalt baut

Gebot 9:   Investiert in eure (mentale, physische)
Gesundheit und in die eurer Mitarbeiter:innen

Gebot 10: Fördert das Gemeinschaftsgefühl

4. BILDUNG UND KOMPETENZEN

Die neue Arbeitswelt erfordert auch neue Kompetenzen. Eine davon ist, sich selbstständig weiterzubilden und neue Kompetenzen zu erlernen. Viel wird diskutiert, dass jede:r Schüler:in ein eigenes Tablet benötigt oder Programmieren lernen muss, um in Zukunft erfolgreich zu sein. Dabei sind die Skills der Zukunft weit weniger digital und technisch, als manche meinen. Vielmehr müssen wir als Individuen, Organisationen und Gesellschaft lernen, mit der ständigen Veränderung besser umzugehen und uns immer wieder neu zu erfinden.

Dafür braucht es soziale und kreative Fähigkeiten, die bereits sehr früh zu unterrichten sind. Was brauchen wir, um mit Veränderungen umzugehen und diese aktiv zu managen? Wie lernen wir zu lernen? Wie können wir besser für uns sorgen und unsere Gesundheit schützen? Wir können wir die Zukunft mitgestalten und Verantwortung übernehmen? Wie können wir lernen, kooperativer zusammenzuarbeiten? Das sollten Fortbildungen, Seminare und Universitätslehrgänge unterrichten.

Doch stattdessen wird an Wirtschaftsuniversitäten vermittelt, wie Unternehmen mit den Konzepten der Vergangenheit geführt werden, wie wichtig Marketing ist und wie dieses gelingen kann. Das Sichtbarmachen als gute Arbeitgeber:innen im Sinne von Employer Branding ist zwar sinnvoll und notwendig für jedes Unternehmen. Doch wenn die Selbstvermarktung falsche Erwartungen weckt, schadet es mehr, als es hilft. Denn junge Talente haben einen ausgeprägten „Bullshit-Sensor" und sind schneller weg, als es sich Unternehmen vorstellen. Die Studien zeigen: Junge Menschen wollen Arbeitsplätze, wo sie lernen und wachsen können. Diesen Wunsch sollten Arbeitgeber:innen ernst nehmen.

Ich erlebte meine Jugend als Zeit, wo alles möglich schien. Ich wurde von meinen Eltern in meiner Kreativität gefördert, meine Talente und meine sozialen Fähigkeiten wurden erkannt. So war mir früh bewusst, dass ich mich mit viel Empathie und politischem Engagement für andere einsetzen wollte. Im Gymnasium wurde ich öfters zur Klassensprecherin gewählt. Bereits in der Volksschule wurden soziale Aktivitäten gefördert. Denn ich verbrachte meine Volksschulzeit in einer sogenannten Integrationsklasse und teilte den Klassenraum mit Kindern, die mit körperlichen und geistigen Beeinträchtigungen lebten. Gemeinsam lernten wir, fürsorglich mit Menschen, die andere Bedürfnisse haben, zusammenzuarbeiten.

Heute ist Inklusion in Unternehmen ein Trendbegriff. Doch fehlen vielen in der Arbeitswelt die Erfahrung und Kompetenz, die ich mit meinen Schulkolleg:innen entwickelte. So bleiben es oft Kampagnen an der Oberfläche, ohne dass sich wirklich etwas ändert. Auch in meinem Gymnasium, das bekannt ist als „die Anton-Krieger-Gasse", hatte ich Schulkolleg:innen, die meine Hilfe brauchten. Sie kämpften mit Lernschwierigkeiten und ich war eine gute Schülerin. Soweit es mir möglich war, half ich. Ich hinterfragte das gar nicht. Nur der schlechte Ruf meiner Schule schwebte als schwarze Wolke über uns als Schüler:innen.

Schon in der Volksschule konnte sich meine Mutter anhören: Warum schicken Sie Ihre kluge Tochter, die so gute Noten hat, auf diese Schule, wo Leistung keine Rolle spielt? Später zweifelte ich ebenfalls an dieser Ausbildung, wünschte mir mehr Autorität, mehr klassische Wissensvermittlung. Doch aus heutiger Sicht kann ich sagen, ich habe in meiner Schullaufbahn viel mehr gelernt als reines Wissen. Ich erlernte jene sozialen Fähigkeiten, die wir in Zukunft alle benötigen. In dieser Schule, die über Jahrzehnte ein Schulversuch im klassischen Schulsystem war, saßen Schüler:innen mit sehr unterschiedlichen Fähigkeiten nebeneinander in der Klasse. Hier wurde niemand frühzeitig nach Noten aussortiert.

Wir hatten innovative Unterrichtsformen, mit Lehrer:innenteams im Doppelpack und mit Projektwochen, die Themen interdisziplinär behandelten. Politisches Engagement wurde gefördert. Wir besuchten das Parlament, demonstrierten gegen Kürzungen im Bildungsbereich, sammelten Müll und nahmen an sozialen Initiativen teil. Musik und Theater waren ebenfalls sehr präsent in meiner Schulzeit. In der Projektwoche zur Berufsorientierung wurden unsere Begabungen erhoben und wir konnten in ein Berufsfeld hineinschnuppern, für das wir uns interessierten. Ich wollte Journalistin werden und schnupperte im Österreichischen Rundfunk (ORF) in die Welt einer TV-Redaktion.

Nach der Schule entschied ich mich für das Studium der Rechtswissenschaften, denn ich wollte mich als Juristin für andere einsetzen, die keine Stimme hatten. Der soziale Aspekt dieser Studienwahl stand bei mir immer an erster Stelle. Erst danach kam die Überlegung, dass ich damit einen sicheren Job bekommen könnte, in dem ich nicht ausgenutzt werde. Durch diese Studienentscheidung veränderte sich mein Leben jedoch radikal. In den fünf Jahren meines Studiums wurden meine Lebendigkeit und Neugierde immer weniger. Ich lernte mich anzupassen und zu funktionieren für den zukünftigen Arbeitsmarkt. Im Studium gab es keinen Raum für mich, eigene Ideen und Fragen einzubringen.

Nur in sogenannten Orchideenfächern, also in Lehrveranstaltungen außerhalb des allgemeinen Lehrplans, fand ich Seminare, in denen ich eigene Interessen verfolgen konnte. Dort wurde ich aufgefordert, kritische Fragen zu stellen und neue Ansätze zu entwickeln. Bereits im Studium beschäftigte mich, was wir unter Arbeit verstehen. Meine Diplomseminararbeit schrieb ich zur Fragestellung „Sexarbeit als sozialer Abstieg?" aus einer Genderperspektive. In den allgemeinen Fächern mussten wir weiterhin dicke Lehrbücher auswendig lernen. Sehr wenige Inhalte aus dieser Zeit kann ich heute ad hoc aufrufen. Allerdings lernte ich im

Studium, analytisch zu denken, lösungsorientiert zu argumentieren und konkrete Probleme mit kreativen Wegen zu lösen.

Im Herbst 2021 befragte mich der Redakteur eines Tiroler Wirtschaftsmagazins[15], was ich jungen Menschen rate, die am Beginn ihrer Karriere stehen. Meine Antwort: Ich finde es wichtig, junge Menschen zu ermutigen, über ihre Wünsche und Interessen nachzudenken und viele Bereiche kennenzulernen. Ein Gap Year, wie es in manchen Kreisen in England oder den USA üblich ist, wäre sinnvoll. Außerdem sind die jungen Menschen in ihrem Selbstwert zu unterstützen und ihnen ist Wissen über neue Berufsbilder zur Verfügung zu stellen. Das passiert noch viel zu wenig.

Während an den Universitäten und Schulen die Konzepte der Vergangenheit vermittelt werden, sind Bildungseinrichtungen heute gefragt, ihre Lehrpläne und Unterrichtsinhalte an die veränderte Arbeitswelt und deren neue Anforderungen anzupassen. Nur so sind die Menschen auf die Herausforderungen vorbereitet. Bei der Neuerstellung und Überarbeitung von Curricula der Bildungsinstitutionen sollten die Kompetenzen und Fähigkeiten der Zukunft vermittelt werden: Dazu zählen Lernen zu lernen, Selbstreflexion, Förderung des eigenen Wohlbefindens, Problemlösungsfähigkeit, kritisches, kreatives und vernetztes Denken, eigenverantwortliches und kooperatives Arbeiten, Selbstorganisation, Einfühlungsvermögen und Empathie, Teamfähigkeit, Wissensmanagement, Sicherheit im Umgang mit Krisen und ständiger Unsicherheit, gewaltfreie Kommunikation.

STRATEGIEN DER TRANSFORMATION

Nicht nur in den genannten Bereichen findet Veränderung statt, sie ist überall diffus spürbar. Menschen reagieren darauf mit sehr unterschiedlichen Strategien. Ich beobachte, dass sich dabei bestimmte Gruppen herauskristallisieren: Da gibt es zum Beispiel jene, für die es gar keinen Bedarf gibt, etwas zu verändern. Sie halten nichts von Veränderungen. Ich nenne sie mal die „Dienst nach Vorschrift"-Gruppe, deren Mitglieder tun, was von ihnen verlangt wird, nicht mehr und nicht weniger. Ihr Engagement ist bis auf null gesunken. Oft geht damit eine allgemeine Resignation, Widerstand gegen Veränderungen und Rückzug ins Privatleben einher. Das Phänomen ist allgemein unter „innere Kündigung" bekannt.

Dann kenne ich auch noch die Job-Hopper:innen, die es meist nicht länger als ein Jahr in einem Unternehmen aushalten. Sie erkennen sehr schnell, dass sie dort nicht glücklich werden. Sie wünschen sich den idealen Job, in dem sie wertgeschätzt werden, persönlich und finanziell, in dem ihnen Vertrauen entgegengebracht wird und sie Aufgaben zugeteilt bekommen, die sie als sinnvoll erachten. Finden sie diesen Arbeitsrahmen nicht, kündigen sie und suchen sich neue Arbeitgeber:innen. Das kann für diese Gruppe sehr belastend und erschöpfend sein.

Außerdem gibt es noch die Early Adopter:innen, die immer die neuesten Technologien verwenden, von einer Innovationsmesse zur nächsten reisen, anstatt in den Niederungen des Arbeitsalltages mitzuarbeiten und sich so für einen Kulturwandel einzusetzen, der allen zugutekommt. Im Silicon Valley oder in China sitzen ihre Vorbilder, und sie meinen, eigentlich sollten wir alle so arbeiten. Ihre Haltung ist, dass die Langsamen kündigen sollen, da sie selbst schuld sind, wenn sie nicht mehr mitkommen. Sie bringen laufend neue Ideen und Konzepte mit und überfordern damit oft all jene, die noch keine Zeit hatten, die bisherigen Neuerungen zu verarbeiten.

Eine Gruppe, die aus meiner Erfahrung für die nachhaltige Transformation der Arbeit besonders wichtig ist, sind die vielen

Visionärinnen, wie ich sie vor allem bei den jungen, engagierten weiblichen Millennials wahrnehme. Im nächsten Kapitel beschreibe ich, wie die Generation der Millennials arbeiten will. Später werde ich dann zeigen, welches Potential diese Gruppe hat, aber dass ihre Ideen, ihr Engagement und ihr Wille mitzugestalten häufig nicht wahrgenommen werden.

5.

MILLENNIALS WOLLEN ANDERS ARBEITEN

„MILLENNIALS WÄHLEN NICHT NUR IHRE KONSUMARTIKEL NACH IHREN WERTEN AUS, SONDERN AUCH IHRE ARBEITGEBER."
THE DELOITTE GLOBAL MILLENNIAL SURVEY[16]

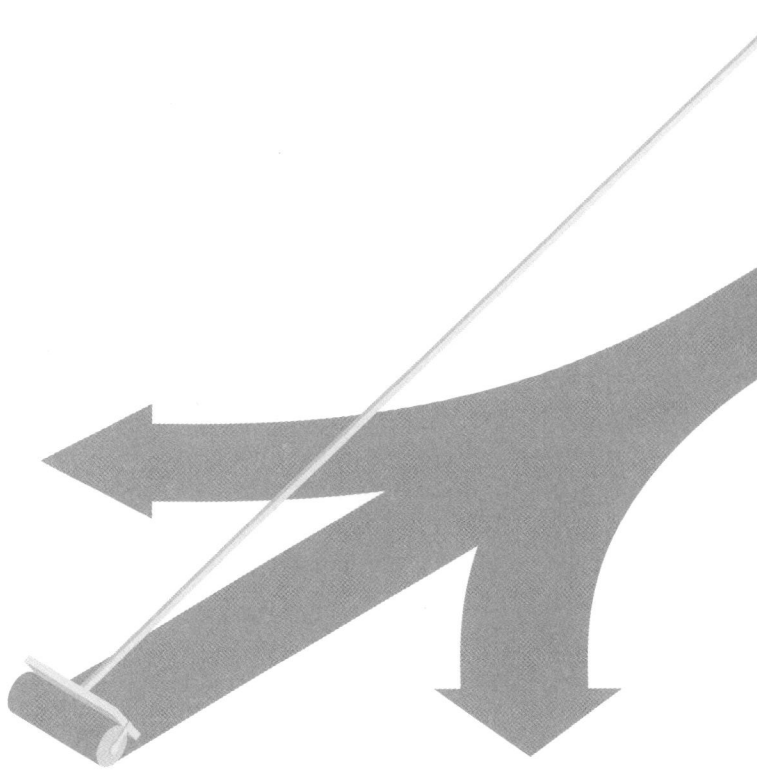

Deutlich zeigt sich der Wandel der Arbeitswelt, wenn Generationen aufeinanderprallen. Im Juni 2022 war ich als Expertin und Vortragende zu einem Zukunftskongress für Banken in Wien eingeladen, die sich dort über die Zukunft ihrer Branche austauschten. Am Rande des Megaevents im elitären (und wunderschönen) Rahmen sollte ich das Zukunftsthema, das gerade sehr brennt, diskutieren: Was müssen Banken tun, um Mitarbeiter:innen zu gewinnen und zu halten? Die Diskussion mit den Teilnehmer:innen – von Millennials bis Babyboomer, 50 % Frauen, 50 % Männer – war emotional und thematisierte die unterschiedlichen Auffassungen zwischen den Generationen: „Weniger arbeiten ist eine Illusion" vs. „Ich will die Vier-Tage-Woche und wachsen können".

Ich wäge genau ab, mit wem ich als Beraterin zusammenarbeite. Dabei entscheide ich nach meinen Werten, Interessen und nach finanziellen Aspekten. Damit bin ich nicht alleine. Studien zeigen, dass die junge Generation sich ihre Arbeitgeber:innen nach ihren Werten aussucht – und das hat sich in den vergangenen Jahren radikal verändert. Da genügt kein Dienstwagen mehr als Lockmittel, da sind Work-Life-Balance, Mitgestaltung, flexible Arbeitszeiten und fairer Lohn gefragt.

Das trifft insbesondere auf junge Frauen zu. Meine Forschungsprojekte zeigen mir ganz klar, was junge Mitarbeiterinnen sich wünschen: Sie wollen gehört werden und mitbestimmen. Sie wollen im Einklang mit ihren Bedürfnissen arbeiten. Sie wollen Sinn in ihrem Job sehen und Zeit haben für Interessen, Familie und Freundschaften. Sie wollen sich persönlich weiterentwickeln und ihr Arbeitsumfeld mitgestalten. Das zeigt sich bereits bei der Suche nach dem nächsten Job, wo sie sich zunächst mal auf Online-Plattformen informieren, wie die Arbeitgeber:innen von ihren Mitarbeiter:innen bewertet werden.

Auch im Bewerbungsgespräch ist die Wunschliste lang, und lieber sind sie arbeitslos, als dabei Abstriche zu machen. Geschäftsführer:innen und Personalmanager:innen klagen über die Ansprüche der Bewerber:innen: Im Bewerbungsgespräch wird klar gesagt, wir wollen ein faires Gehalt, Work-Life-Balance und uns weiterentwickeln können, außerdem ist uns ein wertschätzendes Betriebsklima wichtig. So verschieben sich die Machtverhältnisse: auf der anderen Seite die Arbeitgeber:innen, die keine Mitarbeiter:innen finden und nun handeln müssen. Aber nicht wissen wie. Täglich lesen wir in den Medien vom Arbeitskräftemangel in allen Branchen: in Bildung und Pflege, der Gastronomie, im Handwerk, in der Industrie und in den Green Jobs, die so wichtig sind für die Klimawende. Schlagzeilen wie „Dramatischer Mangel an Lehrpersonal" sind an der Tagesordnung.

Auch der „2022 Gen Z and Millennial Survey"[17] zeigt, dass die Loyalität sinkt und 40 % der Befragten ihren Job in den nächsten zwei Jahren aufgeben wollen. 39 % würden auch kündigen, ohne einen neuen Arbeitsplatz zu haben. Die Hauptgründe sind laut dieser Studie schlechte Bezahlung, fehlender Sinn und mangelnde Perspektiven. Außerdem ein hoher Stresslevel und Angst vor dem Burn-out. Auch hier wird ganz klar: Die junge Generation wurde in der Pandemie dazu angeregt, ihre Prioritäten neu auszurichten und abzuwägen. Die Stimmung der jungen Arbeitnehmer:innen: Das Gefühl der Ungleichheit, Sorgen wegen der steigenden Lebenserhaltungskosten, Klimawandel, Krieg und die Pandemie trüben den Blick in die Zukunft. Sie wünschen sich Arbeitgeber:innen, die sich für Klimaschutz und Nachhaltigkeit authentisch einsetzen.

Dahinter steht ein Wertewandel, der nicht nur meine Generation betrifft. Doch wir sind im Gegensatz zu unserer Elterngeneration nicht mehr mit der Erwartung aufgewachsen, automatisch ein besseres Leben als unsere Eltern zu führen, so der

Ökonom Joseph E. Stiglitz[18]. Den meisten jungen Menschen ist bewusst, dass der gesellschaftliche Drei-Punkte-Plan der Arbeit unserer Elterngeneration (Abschluss, Jobsuche, bei einem Unternehmen bleiben) nicht mehr gilt. Das neue Mantra: Wir müssen länger arbeiten und flexibel sein, lebenslang lernen. Das war mir zum Beispiel schon in der Schule klar. So wie vielen meiner Generation. Daher bleibt uns gar nichts anderes übrig, als anders über Arbeit nachzudenken und die Bedingungen besser für uns zu gestalten.

Außerdem ist meine Generation schon großteils ohne Autoritäten aufgewachsen, die Augenhöhe ist uns in die Wiege gelegt. Denn die Eltern fördern uns, hegen und pflegen uns. Wir reden Mutter und Vater mit Vornamen an. Auch in der Schule ist diese Augenhöhe mit den Lehrer:innen immer mehr die Normalität als die Ausnahme. Doch in den Universitäten und in der Arbeitswelt dreht sich der Wind für uns. Plötzlich sind wir mit Hierarchien konfrontiert. Wenn junge Menschen nun von ihren Arbeitgeber:innen ganz selbstverständlich Anleitung, Feedback und Bestätigung für ihre Arbeit einfordern, führt das schnell zu Konflikten zwischen den Generationen und die Fronten verhärten sich.

Diese Wünsche an den Arbeitsplatz sind kein Hirngespinst von einigen verwöhnten Privilegierten, wie öfters zu hören ist. Egal ob wir als HR-Managerin, Journalistin, Supermarktverkäuferin, Pflegekraft oder Gründerin unseres eigenen Unternehmens arbeiten, wir wollen wertgeschätzt und fair behandelt werden: fairer Lohn, Zusammenhalt im Team, Anerkennung, Möglichkeiten der Weiterentwicklung und Feedback. Denn Arbeit macht immer mehr (junge) Menschen krank. Besonders unter 30-Jährige sind von Burn-out betroffen, wie eine Studie im Auftrag des Bundesministeriums für Arbeit, Soziales und Konsumentenschutz bereits 2017 in Österreich aufzeigte.[19]

„Glück schlägt Geld. Generation Y: Was wir wirklich wollen"[20], ein Buchtitel aus dem Jahr 2017, beschreibt ebenfalls diesen Wertewandel. Meiner Generation wird nachgesagt, dass wir zu anspruchsvoll seien. Ich würde es anders formulieren: Wir nehmen uns ernst, unsere Arbeit, unser Wohlbefinden.

Aus meiner New Work Bibliothek:
Glück schlägt Geld, Kerstin Bund 2017

„Everything You Thought You Knew About Millennials Is Wrong" ist ein Artikel betitelt, der im Rahmen des World Economic Forum Annual Meeting 2017[21] publiziert wurde und meine Generation so beschreibt:

„1. Millennials aren't lazy, they're workaholics.
2. *Millennials want a job with purpose – but they've also got bills to pay.*
3. *Not as self-centred as they say.*
4. *A generation of optimists."*

Millennials wählen immer mehr ihren Beruf nach den eigenen Talenten, Interessen und Vorstellungen. Trotzdem wissen die meisten, wie es sich anfühlt, in der „alten Arbeitswelt" zu arbeiten, die uns von unseren Eltern, unserem Umfeld vorgelebt wurde. Denn wir beginnen oft in Jobs, die uns sicher und normal erscheinen. So hat Susi früher im Büro gearbeitet, heute studiert sie Sozialpädagogik und arbeitet nebenbei als Streetworkerin mit Jugendlichen. Tom war früher Bauleiter in der Firma seines Vaters und ist heute Programmierer. Daniel war Kundenbetreuer in einer Bank und ist heute Künstler. Silvia war Sozialwissenschaftlerin und arbeitet heute in einem Start-up. Anna war früher im Vertrieb eines IT-Unternehmens und ist heute Gründerin einer

IT-Akademie. Ich war Juristin und bin heute Gründerin, Autorin und Beraterin für Wirtschaft und Politik.

Berufliche Umwege gab es immer schon. Es wird allerdings zur Norm, sich Arbeit zu schaffen, die zu uns passt. Berufswechsel sind getrieben von dem Bedürfnis, selbstbestimmt und frei arbeiten zu können. Dafür sind wir immer mehr bereit, viel zu riskieren und in unsere Weiterbildung zu investieren. Das verschafft Freiheit und birgt gleichzeitig die große Gefahr, dass wir uns selbst überfordern. Dieser Weg ist auch nicht für alle geeignet. Daher ist es so notwendig, dass im Wandel der Arbeitswelt Arbeitgeber:innen bessere Rahmenbedingungen für ihre Mitarbeiter:innen schaffen.

Millennials (Generation Y) übernehmen hier eine Scharnierfunktion zwischen Babyboomern und Generation Z. Wir sind noch zögerlich und abwägend, die nachkommende Generation Z weiß schon viel klarer und selbstbewusster, was sie will. Fridays for Future ist erst der Anfang, denn wer bereit ist, für die Umwelt auf die Straße zu gehen, hat auch kein Problem, im Bewerbungsgespräch nach Teilzeit zu fragen. Auch hier zeigt sich wieder konkret die Veränderung: Unangenehme Bewerbungsgespräche sind out, heute müssen Arbeitgeber:innen um Bewerber:innen werben – auch wenn sie es noch nicht realisiert haben.

In der Babyboomer-Generation (ab Mitte der 1950er geboren) gibt es noch eine klare Vorstellung, was Beruf, Leistung, Karriere bedeuten. Doch diese Bilder zerbröseln immer mehr. Es ist sehr verständlich, warum im Alltag die Generationen oft aufeinanderprallen: Babyboomer haben über Jahrzehnte hart und zuverlässig gearbeitet und fühlen sich nun von den Bedürfnissen der nachfolgenden Generationen überfordert. „Wir haben ja auch hart gearbeitet, sollen die nicht so verweichlicht sein!" Doch viele Babyboomer mussten nur dann den Beruf wechseln, wenn sie Betroffene einer Kündigungswelle wurden. Loyalität und ein hohes Arbeitsethos sind für diese Generation noch selbstverständlich, klare Aufgabenbereiche und fixe Arbeitszeiten kennzeichnen die Arbeitsplätze der Babyboomer. Für sie ist die Idee eines lebenslangen Lernens eher ein neues Phänomen.

Viele Babyboomer vermittelten ihren Kindern (meiner Generation):

1. Du musst leisten und hart arbeiten.
2. Du bist, was dein Beruf ist.

Doch diese alten Sicherheiten erfüllen sich für uns nicht mehr. Wir sind mit der Finanz- und Wirtschaftskrise aufgewachsen und dachten schon in der Schule, dass es für uns wahrscheinlich keine Pension/Rente mehr geben wird. Während für unsere Eltern klar war, wann sie aufhören können zu arbeiten, wissen wir das nicht. Wir sind daher gefragt, uns auf diese Unsicherheit einzustellen. Denn unter den aktuellen Rahmenbedingungen werden wir sonst wohl alle im kollektiven Burn-out landen.

An einem Sommertag im Jahr 2021 saß ich mit meinen Eltern im Schanigarten eines Grazer Cafés, als mein Papa plötzlich sagte: „Schau mal, was macht die da?" Ich habe ihn zuerst gar nicht verstanden. Aber dann wurde mir klar, dass das, was er als ungewohntes Bild wahrnahm, für mich so normal war, dass ich länger benötigte, um ihm zu erklären, was die junge Frau tat. Sie saß mit ihrem Laptop im Café, konzentriert und offensichtlich in Arbeit vertieft. Für mich ist das mittlerweile so normal, dass ich gar nicht darüber nachdenke. Das ist nur eine kleine Geschichte, die aber zeigt, dass wir in unserer Wahrnehmung sogar sehr weit von Menschen entfernt sein können, die uns sehr nahestehen.

FALLSTUDIE: EIN MILLENNIAL IM MINISTERIUM

Ich habe zwischen 2009 und 2017 acht Jahre als Juristin in einem Ministerium gearbeitet und konnte dort die Transformation dieser

Organisation „in echt" miterleben. Von Tag eins war ich zuständig für die Umsetzung einer Reform, die die öffentliche Verwaltung radikal neu ausrichten sollte. Ein visionärer Sektionschef hatte die Idee und die zentralen Stakeholder:innen strategisch im richtigen Moment überzeugt. Dann wurde die Reform am Reißbrett geplant. Ziel war es auch, damit international ein Vorzeigeland zu werden. Ich war Teil des Teams, das die Reform legislativ, koordinativ und kommunikativ nach außen umsetzte.

Ich schätzte bei meinem Job im Ministerium, dass die betriebliche Gesundheitsförderung sehr ernst genommen wurde. Es gab ein großes Angebot an Informationen, Workshops, Yogaklassen und Sportkursen. Die Betriebsärztin war eine der wichtigsten Bezugspersonen bei Konflikten und Überforderung. Diese Maßnahmen wurden sehr gut angenommen. Gleichzeitig bot das Ministerium als Arbeitgeberin viele Weiterbildungsmöglichkeiten: fachliche Kurse, Seminare für die Persönlichkeitsbildung, Führungskräftefortbildungen, Projektmanagementlehrgänge, Kurse zu Gender Mainstreaming. Es gab die Verwaltungsakademien und auch externe Seminaranbieter:innen konnten genutzt werden. So hatte ich vom ersten Tag an das Gefühl, dass ich mich weiterbilden konnte, dass es gefördert wurde und ausreichend finanzielle Ressourcen zur Verfügung standen.

Obwohl es in dieser Hinsicht wohl eine Paradies für Mitarbeiter:innen war, gab es trotzdem ein Problem: Viele Mitarbeiter:innen waren unzufrieden, die Gründe dafür sehr unterschiedlich. Für mich persönlich war es besonders frustrierend, nach jeder Fortbildung zurück an meinen Arbeitsplatz zu kommen, wo von mir erwartet wurde, genauso weiterzumachen wie bisher. In dieser Zeit konnte ich beobachten, dass Kolleg:innen, die mehrere Reformen erlebt hatten, im Zusammenhang mit der geplanten Reform sofort Widerstand aufbauten. Das lag vermutlich daran, dass sie nicht in die Prozesse eingebunden wurden. Sie wurden nicht gehört und konnten nicht mitgestalten. Sie erlebten die Reform als Zusatzbelastung, die den Druck erhöhte. Sie fühlten sich abgehängt, allein und bedroht in ihrer Rolle als Expert:innen ihres Arbeitsfeldes. Der Zeitdruck ließ keinen Raum, Fragen zu stellen, denn alles war auf effiziente Umsetzung getrimmt. Aus der Perspektive des Projekterfolges machte das Sinn, denn es galt Termine einzuhalten und Arbeitspakete abzuschließen.

In dieser Zeit lernte ich sehr viel über die Herausforderungen, die große Organisationen bei großen Veränderungsprojekten zu bewältigen haben. Eine davon war die Überforderung der Mitarbeiter:innen. Als Vorbereitung für dieses Buch tauschte ich mich mit dem damaligen Leiter der Personalentwicklung aus, um meine persönlichen Erfahrungen besser einzuordnen. Wir waren uns in dem Austausch einig, dass die Einbindung der Menschen bei der Erarbeitung und Umsetzung von Veränderungsprozessen zentral ist, um deren Akzeptanz zu erhöhen. Es muss transparent kommuniziert werden, warum die angestrebte Reform notwendig ist, was sie bringt und bedeutet. So können die Betroffenen besser verstehen, was mit ihnen und ihrem gewohnten Umfeld passiert – von der Sekretariatskraft bis zum Generalsekretär.

STANDORTBESTIMMUNG: WO STEHEN WIR?

Zu wissen, wie Millennials arbeiten wollen, wie sich die Arbeitswelt verändern wird und wie das in einem konkreten Praxisfall aussieht, ermöglicht eine persönliche Standortbestimmung: als Individuum und als Unternehmen. Diese Einordnung ist notwendig, um Lösungen für die Zukunft zu erarbeiten. Aus meiner Forschung und Beratungspraxis, durch Beobachtungen und viele persönliche Gespräche mit Mitarbeiter:innen, Führungskräften, Personalmanager:innen und Geschäftsführer:innen, weiß ich, dass es große Fragezeichen gibt, was zu tun ist. Da die Probleme so komplex und vielfältig sind, gibt es auch keine Standardlösung.

Daher liegt der Schlüssel zur Bewältigung der Herausforderungen von heute und morgen in einer neuen Arbeitskultur auf Augenhöhe. Denn so unterschiedlich die Strukturen und Arbeitsweisen in den Firmen auch sind, viele Probleme und Herausforderungen lassen sich auf eine verkrustete Arbeitskultur zurückführen. Dieser fehlt es an Fürsorge, Partizipation und Kreativität sowie am Gespür für Menschen in Veränderungsprozessen.

Zukunftsorientierte Arbeitgeber:innen ermöglichen es daher, diese alte Kultur aufzubrechen, um so Platz für eine Arbeitskultur auf Augenhöhe zu schaffen. Dafür ist zuerst die Pause-Taste zu drücken, um eine umfassende Standortbestimmung zu machen. Wo stehen wir gerade als Organisation? Wo stehen unsere Mitarbeiter:innen und Führungskräfte? Was brauchen sie und welche Ideen haben sie?

Erst wenn die Entscheidungsträger:innen diese Offenheit im Arbeitsalltag vorleben und auch aktiv einfordern, können alle kollektiv die eingefahrenen Spuren verlassen, eine neue Perspektive einnehmen und unbekannte Weg gehen. So spüren die Menschen, die in diesen Organisationen arbeiten und mit der Veränderung täglich konfrontiert sind, dass sie nicht allein sind, dass ihre Arbeit wertvoll ist und dass ihr Beitrag zählt. Das ist besonders jungen Frauen wichtig, die sich ihre Arbeitgeber:innen heute und in Zukunft sehr gut und genau aussuchen.

Seit der Covid-19-Pandemie erhalte ich zunehmend Anfragen aus Unternehmen, die mehr über New Work erfahren und es in ihrem Betrieb umsetzen wollen. Sie erhoffen sich dadurch, (junge) Mitarbeiter:innen zu gewinnen und zu halten. In ihrer Buchungsanfrage schreiben sie dann: „Wir wollen Sie als Vortragende für unseren Führungskräftekongress anfragen. Bitte erklären Sie uns, wie Arbeit der Zukunft aussieht, wie Millennials arbeiten wollen und wie wir attraktive Arbeitgeber:innen für sie werden." In der Krise hat sich auch in Unternehmen gezeigt, dass es neue Ansätze benötigt und die alten Lösungen nicht mehr funktionieren. Sie wünschen sich Orientierung und frische Ideen für ihre internen Transformationsprozesse. Meine Antwort darauf: Es wäre wichtig, damit auch eine interne Diskussion zu verknüpfen, sodass die teilnehmenden Mitarbeiter:innen die Möglichkeit bekommen, ihre Erfahrungen und Ideen einzubringen. Denn nur zu wissen, wie Millennials arbeiten wollen und wie sich die Arbeitswelt verändert, genügt nicht. Jede:r Teilnehmer:in, vom Vorstand bis zur Assistenzkraft, sollte die Möglichkeit bekommen, selbst zu überlegen: Was hat das mit mir zu tun? Wie kann ich aktiv dazu beitragen? Meine Aufgabe sehe ich darin, einen Raum zu schaffen, in dem der Dialog entfacht wird, damit die Teilnehmer:innen den Funken der Begeisterung in die Organisation weitertragen. Dabei setze ich meine Methode und Toolbox ein, die ich später genauer vorstellen werde.

WIE ICH MEINEN TRAUMJOB (ER)FAND

Ich habe diese Standortbestimmung im oben beschriebenen Umfeld im Ministerium gemacht. Sie ist der Grund, warum ich überhaupt zum Thema „Arbeit der Zukunft" gekommen bin. Kürzlich bekam ich im Rahmen eines Vortrages als Feedback: „Sie brennen ja richtig für das Thema." Das ist auch nicht überraschend. Ich erlebte mit Anfang 30 eine Sinnkrise und so begann ich zu hinterfragen, wie ich arbeite. Heute werde ich oft auf meine positive Ausstrahlung und meine Lebensfreude angesprochen, die ansteckend seien. Vor allem Menschen, die mich von früher kennen (und daher vollkommen anders), machen mir dann solche Komplimente: Du schaust aber viel besser aus! Du strahlst ja jetzt richtig! Sie sehen, dass ich mich wohlfühle und es mir gut geht, anders als in meinem alten Leben. Doch das war ein langer Weg.

Es war im Frühjahr 2017, als ich meinen sicheren Job an den Nagel hängte. Ich wollte so nicht weitermachen: frustriert, eingeengt. Vielleicht fragen sich manche: Was war so schlimm an einer fixen Anstellung als Juristin im öffentlichen Dienst? Natürlich hatte ich einen Job, den sich viele wünschten – mit unbefristetem Vertrag, sehr gutem Einkommen, jährlichem Leistungsbonus, einer guten Work-Life-Balance. Ich war auch in den ersten Jahren sehr motiviert, lernte täglich viel dazu, hatte eine tolle Chefin. Doch dann wurde ich von Tag zu Tag frustrierter und unmotivierter. Ich fühlte mich nicht mehr wohl. Daher reflektierte ich: Was stört mich eigentlich? Wie will ich eigentlich arbeiten? Für mich war klar: Ich wollte glücklicher sein und mich wieder spüren. Ich wollte mir nicht vorschreiben lassen, wie ich zu arbeiten und zu leben hatte. Doch ich kündigte nicht einfach, sondern versuchte zunächst, mein Arbeitsumfeld und meinen Arbeitsbereich zu verbessern, um mich neu zu motivieren.

Ich gestaltete aktiv und bewusst mein Arbeitsleben, verhandelte mir zunächst einen Tag pro Woche Homeoffice aus und später eine Vier-Tage-Woche. Ich bildete mich weiter, nutzte das Weiterbildungsangebot der Organisation mit Seminaren und Coaching. Außerdem vernetzte ich mich mit Kolleg:innen außerhalb meines Arbeitsbereichs. Zu verschiedenen Anlässen veranstaltete ich kleine Partys im Büro mit meinen Lieblingskolleg:innen. Dadurch schuf ich mir selbst temporär Räume, in denen ich mich wohlfühlte und so sein konnte, wie ich bin. Gleichzeitig entwickelte ich neue Ideen und Konzepte, wie die Prozesse in der internen Kommunikation und Organisation verbessert werden konnten, präsentierte sie meinen Vorgesetzten und setzte sich teilweise erfolgreich in der Praxis um.

Ich verlangte neue Aufgabenfelder und wurde zuständig für Koordination, internationale Agenden und Genderfragen. Ich arbeitete zeitweise an der Ständigen Vertretung Österreichs in Brüssel und in der Kultursektion. Dann absolvierte ich eine Bildungskarenz, um in England zu studieren. In Brighton, wo ich ein Jahr während des Studiums lebte, arbeitete ich nebenbei im Kultur- und Eventmanagement. Nach meiner Rückkehr aus der Bildungskarenz machte ich eine Ausbildung zur Projektmanagerin. Außerdem nutzte ich meine Urlaube, um viele kurze Städtereisen zu machen.

Doch nach jedem kurzfristigen Hoch schlich sich wie automatisch die lähmende Leere ein. Denn im Grunde veränderte nur ich mich immer mehr, aber das Umfeld und mein Job blieben gleich. Ich musste Aufgaben erledigen, weil sie so in meiner Stellenbeschreibung standen, meine Eigeninitiative wurde nicht gesehen. Bis ich mich nur mehr widerwillig in die Arbeit schleppte. Am Sonntag fing es an, da bekam ich Bauchweh und spürte die Angst, wieder ins Büro zu müssen. In mir war ein großer Konflikt zu bemerken. Ich war hin- und hergerissen: Konnte ich meinen Job, den offenbar alle wollten, einfach hinschmeißen? Verbaute ich mir hier nicht meine Zukunft? Ich hatte Sorge vor dem, was passieren könnte, wenn ich meinen Job kündigte. Ich hatte das Gefühl, alleine zu sein. Erst mit professionellem Coaching war es mir möglich, über diese Hürde zu springen und das Undenkbare zu wagen: die Kündigung.

Für diesen Weg holte ich mir die Hilfe einer Psychologin und Coachin, die auf Frauen im Arbeitsleben spezialisiert ist. Sie unterstützt mich seither bei meiner Persönlichkeitsentwicklung und der Lösung aktueller Probleme. An eine unserer Coaching-Stunden, die mein Leben so radikal verändern sollte, erinnere ich mich gerne zurück: Mit einer speziellen Methode half sie mir, mir vorzustellen, wie sich ein anderes Leben anfühlte. Am nächsten

Tag holte ich das Kündigungsschreiben und überreichte es meiner Chefin. Dann ging alles Schlag auf Schlag und mein neues Leben begann.

Meine Führungskräfte und Kolleg:innen waren sehr überrascht, als ich ging. Denn üblich ist das in einem Ministerium nicht. Dort verlässt kaum jemand den sicheren, gut bezahlten Job auf Lebenszeit. So dachten damals viele in meinem Umfeld. Da musste jede:r mal durch, und mit harter Arbeit und viel Engagement würde man weiterkommen und Erfolg haben – so lautete das unausgesprochene Paradigma. Doch dieses Versprechen wurde nie eingelöst. Denn ich hatte in meiner täglichen Arbeitsrealität damit zu kämpfen, dass mein Engagement kaum wertgeschätzt wurde.

Meine Kündigung war für manche vielleicht überraschend, aber für mein direktes Umfeld konnte sie das nicht sein. Denn ich war über Jahre ständig unzufrieden gewesen. Es war nur eine Frage der Zeit, bis ich aufgeben sollte. Ich brauchte wirklich sehr lange, bis ich es mir zutrauen konnte, die Reißleine zu ziehen und den Schritt in die unsichere Zukunft zu wagen. Damals konnte ich mir das nicht vorstellen, aber ich habe es bis heute keinen einzigen Tag bereut. Ich war bereit, völlig neu zu starten und etwas zu wagen. Ich bin gegangen, ohne eine neue Stelle zu haben, ohne zu wissen, wohin mich diese Entscheidung führen würde.

Doch wie beginnt so ein Prozess am besten, sich neuzuorientieren und den Schritt in die Unsicherheit zu wagen? Ich hatte das Gefühl, alles auf eine Karte setzen zu müssen. Daher bereitete ich mich fokussiert über zwei Jahre vor. Als ich kündigte, waren die Entscheidung und die nächsten Schritte sehr leicht zu bewältigen. Ich benötigte nach der Kündigung keine Weltreise, das dritte Studium oder den nächsten Job, der mir keinen Spaß machte. Denn ich hatte in den Jahren davor begonnen, meine Haltung und Perspektive zu verändern. Ich entwickelte ein neues

Verhältnis zu mir selbst, zu meinem Umfeld und ganz allgemein zur Arbeit.

So traute ich mich mit wackeligen Beinen, Schritt für Schritt, auf meine Intuition zu vertrauen. Rückblickend erkenne ich, dass ich aus dem Erwartungskorsett ausgebrochen bin. Ich musste erst lernen, zu mir zu stehen und nicht die Erwartungen anderer in mich zu erfüllen. Ich folge heute meiner inneren Stimme, sie ist meine beste Freundin geworden. Meine Erfahrungen aus dieser Zeit helfen mir bis heute. Ich lernte meine Komfortzone zu verlassen, kann besser mit unsicheren Situationen umgehen. Ich achte ganz bewusst auf meine Bedürfnisse. Ich lernte, liebevoll mit mir zu sein.

Heute berate ich Menschen mit meinem Future Lab dabei, ihr Arbeitsumfeld und ihre Arbeit besser zu gestalten. Ich tue somit das, was sie sich von ihren Chef:innen wünschen: Ich höre ihnen zu, zeige Perspektiven auf, bin ihre Verbündete und mache Mut, den eigenen Weg zu gehen. Mit meiner persönlichen Erfahrung kann ich ihnen besser helfen zu verstehen, wo die Probleme liegen, und kann die richtigen Strategien, Methodik und Tools bereitstellen. Es sind oft Frauen, die zu mir kommen, da sie in ihrem Job anstehen, aber noch nicht kündigen wollen. Sie überlegen, sich beruflich neu zu orientieren, und fragen sich: „Should I stay or should I go?" Ich rate meist davon ab, sofort zu kündigen, wenn sie etwas stört, sondern ermutige herauszufinden, wo innerhalb des Jobs Möglichkeiten bestehen, die Arbeit für sich selbst zu verbessern.

Ein Grund, warum ich meinen heutigen Job so liebe: Ich kann Menschen helfen, dass auch sie mich anstrahlen, weil sie mit ihrem Job zufrieden sind. Zufriedene Mitarbeiter:innen erkennt man daran, dass sie begeistert erzählen, wie gerne sie arbeiten, wie spannend die Aufgaben sind. So wie letztes Jahr in Köln, wo ich einen alten Bekannten aus Wien traf, der für einen

Job dort hingezogen war. Ich erinnere mich noch, wie erschöpft er früher gewirkt hatte. Doch an diesem Abend war er völlig ausgewechselt. Er erzählte mir, sich endlich wertgeschätzt und anerkannt zu fühlen, in seinem Tempo arbeiten und eigene Ideen umsetzen zu können, in einem tollen Team zu arbeiten. Er freute sich nun jeden Tag darauf, ins Büro zu fahren.

MEINE BIOGRAFIE SEIT 20 JAHREN

Juristische Referentin
Marketingmanagerin
Unternehmensberaterin
Entrepreneurin
Autorin & Bloggerin
Moderatorin
Mentorin
Kulturmanagerin
Bürokraft einer Baufirma
Verkäuferin
Rechtspraktikantin
Medizinische Assistentin
Nachhilfelehrerin
Catering-Mitarbeiterin
Praktikantin unbezahlt
Praktikantin bezahlt
Selbstständige

Angestellte
Teilzeit-Mitarbeiterin
Vollzeit-Mitarbeiterin
Gleitzeit
Fixe Bürozeiten
Bildungskarenz
Museum & Galerie
Einkaufszentrum
Einzelbüro
Doppelbüro
Großraumbüro
Remote & Büro
als Andockstation
Co-Working-Space
Cafés
Homeoffice

6.
DIE NEW WORK REVOLUTION

„ALLES WIRD SCHNELLER UND KOMPLEXER.
IN SO EINER WELT BRAUCHT ES EINE
ANDERE ART DES ARBEITENS. ES BRAUCHT
EIN NEUES, BESSERES ARBEITEN."

LENA MARIE GLASER[22]

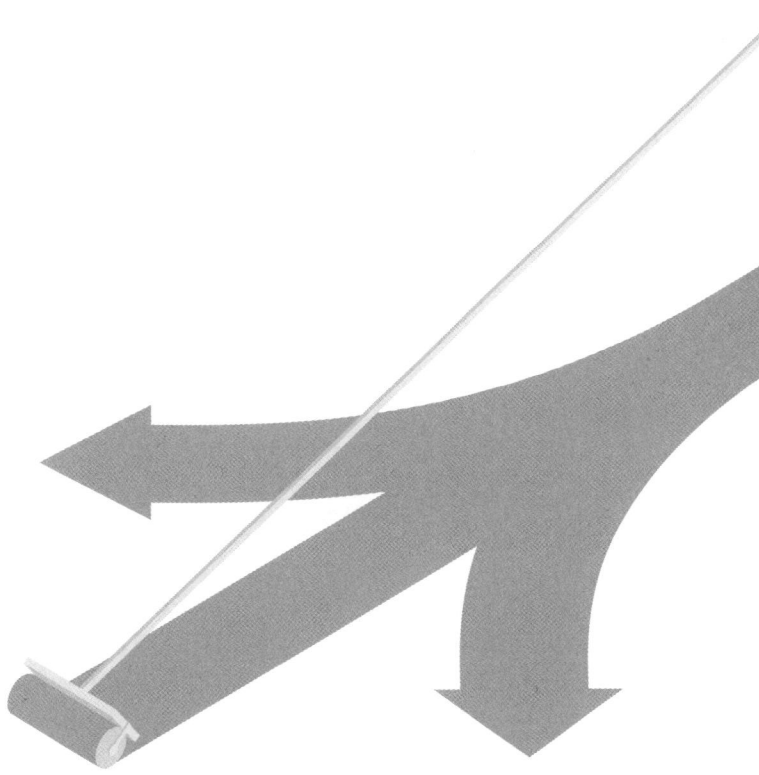

Nachdem ich aus meinem alten Job ausgebrochen war, machte ich mich auf die Suche nach einer Alternative. So bin ich dann schließlich zufällig auf die Idee von „New Work" aufmerksam geworden. Eine neue Welt eröffnete sich mir und zeigte mir: Ich bin nicht alleine! Es gibt ganz viele Menschen, die anders arbeiten wollen, es gibt viele Konzepte und Ideen, und ich kann da mitmachen. Ich habe auch erkannt, dass meine Initiativen im Ministerium – wie ein neuer Prozess für die koordinierte Zusammenarbeit, das Mentoring junger Kolleg:innen oder das Zusammenbringen von unterschiedlichen Abteilungen durch kleine Büropartys – bereits die ersten Schritte in Richtung New Work waren, wie ich es heute verstehe.

Für manche ist der Begriff des New Work schon ein alter Hut und sie können ihn nicht mehr hören. Es gibt immer mehr Kongresse, Festivals, Magazine, Podcasts und Preisverleihungen rund um das Thema. Menschen allerdings, die New Work für sich gerade erst entdecken, beginnen zu strahlen, wenn sie davon hören oder lesen. Das Handbuch „New Work für Praktiker" von Götz Piwinger[23], das sich an die Personal- und Organisationsentwicklung richtet, beschreibt New Work so:

> *„New Work hat sich als Inbegriff des digital geprägten Arbeitens etabliert. Mit der Verfügbarkeit des mobilen Internets und cloudbasierten Anwendungen kann sich das Rudelverhalten und das Verhalten jedes Einzelnen ändern – und tut es auch. Im Vordergrund stehen neue Wertesysteme und kompetenzorientiertes Handeln."*

Dem Autor nach geht es um eigenverantwortliches Handeln auf der Grundlage von Werten, dabei ist die Förderung von Teams zentral. Er unterstreicht, dass erst die Rahmenbedingungen dafür geschaffen werden müssen, dass Mitarbeiter:innen eigenverantwortlich handeln können. Außerdem müsse das Ziel sein, dass Wissen zu teilen als etwas Positives und nichts Bedrohliches erlebt wird. New Work soll demnach „eine spannende und motivierende Gemeinschaftsaufgabe" sein, wobei jede einzelne Person und die gesamte Organisation täglich besser würden.

Auch wenn ich hier Anknüpfungspunkte sehe, geht mein Konzept von New Work weit darüber hinaus. So weit, dass ich von einer New Work Revolution spreche, über die ich gleich schreiben werde. Schon in den 1980er Jahren tauchte die Idee des „New Work" erstmals auf. Geprägt wurden der Begriff sowie das Konzept dahinter durch den Philosophen Frithjof Bergmann[24], der sein bekanntes, oft zitiertes Modell von Arbeit entwickelte und leidenschaftlich vertrat. Sein Ansatz ist, dass wir mehr Arbeit tun sollen, die wir wirklich, wirklich wollen (ja, doppelt!). Genauso wie der Umweltschutz schon vor 30 Jahren ein großes Thema war (Stichwort: Wäldersterben), sind diese Ideen einer besseren Arbeitswelt nicht ganz neu. Das Schöne an New Work ist, dass es allen offensteht und alle mitdenkt. Es ist ein Begriff für alle, die unzufrieden sind, wie sie heute ihre Arbeit erleben, und die daran etwas ändern wollen.

Auch immer mehr Unternehmen, Beratungsfirmen und Veranstalter:innen springen auf den Zug „New Work" auf. Nach den Terminen, zu denen ich als Expertin und Beraterin eingeladen werde, kommen meist junge, weibliche Beschäftigte zu mir, um sich mit mir über ihre Erfahrungen und Ideen auszutauschen. Sie wollen New Work in ihrem Unternehmen umsetzen. Hinter New Work stecken viele unterschiedliche Ideen und Vorstellungen. Jede:r kann diesen Begriff mit Leben füllen. Für diese jungen, weiblichen Beschäftigten, mit denen ich spreche, stehen oft die Suche und der Wunsch nach einem besseren, fairen Arbeiten mit Freiräumen und der Möglichkeit zur Mitgestaltung im Vordergrund.

Doch in den Führungsetagen fehlt oft noch das Bewusstsein, was wirklich zu tun ist. Aus Angst, Fehler zu machen, wird auf vermeintlich einfache Lösungen gebaut und große Beratungsfirmen werden beauftragt, die mit vorgefertigten Konzepten die Lösung aller Probleme versprechen. Sie verstehen New Work oft sehr technisch und sehen neue Bürokonzepte, flache Organisationsformen, Homeoffice oder flexible Arbeitszeiten bereits als große Errungenschaften. Einer Umfrage des Wirtschaftsmagazins Brandeins[25] aus 2021 zufolge geben 97 % der Unternehmen an, neue Arbeitsmethoden einzusetzen, und 83 % der Unternehmen geben an, dass längst nicht alle Mitarbeiter:innen damit umgehen können.

Das zeigt die Kluft, die entsteht, wenn verpasst wird, an der Arbeitskultur zu arbeiten. Gute Arbeitgeber:innen sind gefragt, hier nicht die Schuld bei den Beschäftigten zu suchen, sondern Brücken zu bauen zwischen jenen, die schneller, und jenen, die langsamer sind. Dabei sind kreative Wege zu gehen, zum Beispiel ein Mentoring-Programm einzuführen, in dem über Hierarchien und Generationen hinweg gegenseitige Skills und Kompetenzen vermittelt und geübt werden können.

Auch flexible Arbeitsmodelle werden unter New Work verstanden. Beschäftigte, die ihren Arbeitsplatz immer mit dabeihaben und auf Reisen arbeiten, werden digitale Nomad:innen, „digital nomads", genannt. Ich kenne einige, die diese Art zu arbeiten bewusst gewählt haben, um aus den traditionellen Strukturen und Normen auszubrechen. Für sie sind die klassischen Arbeitsmodelle, wie von 9 bis 17 Uhr arbeiten, nichts Erstrebenswertes, sie arbeiten lieber mit dem Laptop am Strand oder in der coolen Stadt am Meer.[26]

Es kann sinnvoll sein, in die zahlreichen Bücher, Podcasts oder Videos zum Thema New Work einzutauchen, um einen Überblick über Ideen, Konzepte und Ansätze zu bekommen.

Damit diese abstrakten Ideen allerdings etwas in unseren täglichen Arbeitsleben verändern, kommen wir nicht darum herum, uns immer wieder zu fragen: Was löst das Gehörte und Gelesene bei mir aus? Wie kann ich das in meinem Umfeld umsetzen?

Zuerst die gute Nachricht: Die New Work Revolution hat längst begonnen und ist unaufhaltsam. Die schlechte Nachricht allerdings ist, dass es nur zäh vorangeht. Denn New Work heißt auch, gewohnte Dinge anders zu machen, bestehende Sicherheiten zu hinterfragen und eingefahrene Muster aufzubrechen. Die Machtverhältnisse verschieben sich dadurch, und das löst Ängste aus. Deshalb muss erst Vertrauen aufgebaut und Bewusstsein dafür geschaffen werden, dass hinter New Work ein großes Potential versteckt ist: für die Unternehmen und die Menschen. Doch da liegt noch ein steiniger Weg vor uns.

Im Rahmen meiner Forschung und Beratungspraxis war es für mich interessant zu beobachten, wer die Akteur:innen dieser New Work Revolution sind. Als Beraterin werde ich von Personalmanager:innen, Führungskräften und Geschäftsführer:innen gefragt, wie sie New Work in der Praxis umsetzen können, um junge Mitarbeiter:innen zu gewinnen und zu halten. Gleichzeitig kontaktieren mich Studierende und junge Nachwuchskräfte, die ein Unbehagen verspüren und sich daher für New Work zu interessieren beginnen. Es sind vor allem junge Frauen, die ich als die Visionärinnen bezeichne. Sie setzen sich engagiert für den Wandel ein, für sich selbst und andere. Ihnen widme ich später ein eigenes Kapitel, um ihre Bedeutung herauszustreichen. Sie suchen nach Wissen, Orientierung und Austausch.

Meine vier Tipps für New Work Einsteiger:innen:
1. Informiere dich, lies dich ein.
2. Frage dich: Was bedeutet New Work für mich persönlich?
3. Tausche dich aus und schaffe dir eine Community.
4. Pass auf dich auf und überfordere dich nicht.

Wie kann die New Work Revolution also in unserer täglichen Arbeitsrealität ankommen? Das ist eine komplexe Sache, und es gibt keine Standardlösung. Aber wie ich bereits betont habe, ist ein Umdenken notwendig. Das geht nicht von heute auf morgen. Ungeduldige Menschen (wie ich) stoßen da schnell an Betonwände, die sich nur schwer verschieben lassen. Deshalb habe ich in den letzten Jahren eine eigene Methode, Strategien und eine Toolbox entwickelt, mit denen New Work in der Praxis umgesetzt und somit eine Arbeitskultur auf Augenhöhe Stück für Stück realistischer werden kann. Mir ist es wichtig, dass jede:r mitmachen kann. Dabei ist der Grundsatz auf dem Weg zu New Work: „Einfach losstarten und machen! Es gibt kein Richtig oder Falsch."

Ein „neues Arbeiten" gibt schon den Hinweis darauf, dass es auch ein „altes Arbeiten" geben muss, das nun abgelöst wird. So könnte kurz umrissen werden, was dieses alte Arbeiten auszeichnet: Du hast genaue Vorgaben, wann, wo und wie zu arbeiten ist. Du erlebst täglich, dass Entscheidungen intransparent über eure Köpfe entschieden werden. Deine Leistung wird in Überstunden gemessen. Du leidest darunter, dass deine Führungskraft dir nicht vertraut, sondern dich kontrolliert. Du hast viele Ideen, aber niemand hört dir zu. Willkommen in der „alten Arbeitswelt"!

DIE ANDERE GESCHICHTE DER ARBEIT

Ein Blick in die Geschichte der Arbeit ist für mich der Schlüssel, um zu verstehen, was Arbeit eigentlich ist, und folglich zu formulieren, wie sie im Sinne von New Work gestaltet werden soll. Wie ich bereits geschrieben habe, ist New Work kein neuer Begriff. Aber was ist dann neu? Dafür möchte ich einen theoretischen Exkurs zur Frage machen: Was ist Arbeit eigentlich? Die meisten denken bei Arbeit an ihren Job, für den sie bezahlt werden, weil sie ihre Arbeitskraft einem Arbeitgeber oder einer Arbeitgeberin zur Verfügung stellen. Doch Arbeit ist mehr als Erwerbstätigkeit oder Lohnarbeit. In der Wissenschaft beschäftigen sich Disziplinen wie Arbeitspsychologie, Soziologie, Ökonomie, Politikwissenschaft, Managementwissenschaften oder Rechtswissenschaften mit dem Begriff der Arbeit. Sie bieten interessante Einblicke und helfen einzuordnen, wie wir arbeiten und wie Arbeit organisiert und geregelt ist.

Doch sehr selten schaffen sie einen Bezug zur Realität in den Betrieben und unserem persönlichen Erleben, unseren Bedürfnissen. Auch das Studium eines Ratgebers ändert sehr wenig daran, was wir tagtäglich im Job wahrnehmen. Es ist daher eine gute Übung, sich immer mal wieder selbst zu fragen: Was ist Arbeit für mich eigentlich? Was erlebe ich als Arbeit? Diese Reflexion gönnen wir uns kaum, denn sie macht unser Leben nicht unbedingt einfacher. Sie erfordert von uns, in die Tiefe zu gehen und zu schauen, was wir verändern können. Das kann weh tun, doch dieser Prozess führt langfristig dazu, ein erfülltes Arbeitsleben zu führen, das zu den eigenen Bedürfnissen passt.

Denn Arbeit ist für viele eine Last oder wird als notwendiges Übel hingenommen. Es scheint bisher einen Grundkonsens zu geben, dass es okay ist, in der Arbeit zu leiden. Führungskräfte, die kontrollieren, anstatt ihren Mitarbeiter:innen den Rücken freizuhalten, täglich das Gefühl zu haben, nicht fertig zu werden und keinen Einfluss zu haben. Das schlechte Klima beeinflusst unsere Motivation und ob wir gern arbeiten. Gleichzeitig gibt Arbeit uns Sinn und Struktur, bietet einen sozialen Rahmen. Für viele ist das Büro ein Ort, an dem Freundschaften geschlossen werden, die sich nach dem Feierabend fortsetzen. Fällt das weg, wenn wir den Job verlieren oder wie in der Pandemie plötzlich im Homeoffice arbeiten, sind wir auf uns zurückgeworfen. Dann beginnen wir erst zu spüren, was uns abgeht. Aber auch, was wir ganz und gar nicht vermissen: wie ewig lange, unproduktive Meetings oder den Chef, der ständig kontrolliert.

Spannend ist, dass das, was wir unter Arbeit verstehen, sich seit Jahrhunderten verändert, wie die Historikerin Andrea Komlosy belegt, die aus einer globalhistorischen feministischen Perspektive forscht.[27] So bewegt sich das Verständnis zwischen Anstrengung und kreativer Verwirklichung. Immer schon gab es Diskussionen über das Arbeiten. Sie finden sich in allen Religionen, Philosophien und Weltanschauungen. Die Historikerin unterstreicht, dass aus heutiger Perspektive nur „produktive Erwerbstätigkeit" zum Arbeitsbegriff zählt und dass unbezahlte Care-Arbeit in der Familie davon ausgeschlossen wird. Sie identifiziert drei Perspektiven auf Arbeit: die Überwindung, die Idealisierung und die Gestaltung.

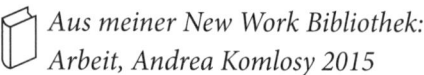 *Aus meiner New Work Bibliothek:*
Arbeit, Andrea Komlosy 2015

Die Überwindung von Arbeit spricht eine Utopie an, in der es keine Arbeit mehr benötigt. Als politischer Vertreter dieser Denkrichtung wird Paul Lafargue[28] gesehen, der in „Das Recht auf Faulheit" im 19. Jahrhundert ein Gesetz einfordert, das verbietet, mehr als vier Stunden pro Tag zu arbeiten. Er plädiert für eine Arbeitszeitverkürzung und eine damit verbundene Enthaltsamkeit.

Aus meiner New Work Bibliothek:
Das Recht auf Faulheit, Paul Lafargue 2018

In den 1970er und 1980er Jahren werden diese Ansätze aus dem 19. Jahrhundert wieder aktuell, da Hippies und Aussteiger:innen den Konsumzwang verweigern und hinterfragen, ob Erwerbstätigkeit in vollem Ausmaß notwendig ist. Die Ökologiebewegung setzt sich dafür ein, dass weniger Konsum für mehr Lebensqualität benötigt wird. Deren Idee ist es, dass zwei bis drei Arbeitsstunden pro Tag genug sind für ein gutes Leben. Es bleibt damals allerdings bei einer politischen Forderung, die sich in der Realität nicht durchsetzt, so die Historikerin Andrea Komlosy:

„Als Arbeit galt in Hinkunft die zielgerichtete, verkaufsorientierte, remunerierte Tätigkeit, während anlass- und bedürfnisbezogene, nicht remunerierte Tätigkeit davon ausgeschlossen wurde. Es entstand eine scharfe Grenze zwischen Arbeit und Nichtarbeit, die der Überlappung und Kombination von Arbeitsverhältnissen im Leben der meisten Menschen überhaupt nicht entsprach. Diese Grenze war sexualisiert, insofern unbezahlte Arbeit im Haushalt und in der Familie als weiblich galt."[29]

Auf der anderen Seite gibt es die Perspektive, dass Arbeit transformiert und gestaltet werden kann. Das Ziel ist, Arbeit nicht als Last, sondern als Selbstverwirklichung zu sehen. Dieser moderne Arbeitsbegriff ist eng verbunden mit dem technologischen Fortschritt. Andrea Komlosy beschreibt, dass bereits im 17. Jahrhundert die Idee entstand, dass Technik die Menschheit von mühevoller Arbeitslast befreit. In diesem Zusammenhang wird die Rolle von Bildung und Erziehung betont. Statt Zwang steht die Förderung von Talenten und Interessen im Mittelpunkt, um die Würde des Menschen in der Arbeit zu realisieren.

Mit dem kritischen Blick auf die jüngere Geschichte lässt sich heute beobachten, dass in der postindustriellen Arbeitswelt durch Flexibilisierung und den Einsatz von Leiharbeiter:innen und Subunternehmen oft die Rechte der Arbeitnehmer:innen ausgehöhlt werden. Nach Komlosy gibt es bestimmte Gruppen an Erwerbstätigen: einige alte Arbeiter:innen/Angestellte, die postindustriellen Aufsteiger:innen, die prekarisiert Jobbenden, die ausländischen Wanderarbeiter:innen und die Bezieher:innen von Arbeitslosen- oder Sozialhilfe, denen gemeinnützige Arbeit zugewiesen wird. So kommt es zu einer Verdrängung der organisierten Arbeiterklasse durch die Aufsteiger:innen der Mittelschicht, die mit guter Ausbildung und Kompetenz digitale Technologien nutzen und die neuen Anforderungen an sie leicht bewältigen.

Diese Gruppe hat keinen Bezug mehr zu Gewerkschaften. Die Aufsteiger:innen zeichnen sich dadurch aus, dass sie loyal und flexibel sind, hohen Einsatz zeigen und dafür sehr gut bezahlt werden. So können sie in private Vorsorge investieren. Sie werden motiviert durch Anreize wie zum Beispiel Freizeitangebote. Im Gegenzug wird von ihnen erwartet, ständig erreichbar zu sein und sich selbst zu vermarkten. Dieser Aufstieg geht auf Kosten ihrer psychischen und körperlichen Gesundheit. In meiner Forschung fokussiere ich auf diese Gruppe, aus der ich selbst komme, die ich von innen und außen beobachte, analysiere und beschreibe.

Barbara Prainsack, Professorin am Institut für Politikwissenschaften der Universität Wien und Expertin für Technologiepolitik, beschreibt in ihrem Buch „Vom Wert des Menschen. Warum wir ein bedingungsloses Grundeinkommen brauchen"[30], wie der

Wert von Arbeit historisch unterschiedlich bemessen wurde. Nach Prainsack hat Arbeit neben einem ökonomischen Wert auch einen sozialen und persönlichen Wert. Es gibt viele Menschen, die sich durch ihre Arbeit definieren und so auch ihre gesellschaftliche Stellung begründen. Das eigene Selbstbild und das Selbstwertgefühl hängen davon sehr stark ab. Dort, wo nur Erwerbsarbeit als Arbeit verstanden wird, verlässt man dafür das eigene Haus. So ist Arbeit ein Ort, wo man hingeht und dazugehört. Daraus folgt, dass in unserer Gesellschaft Menschen, die keine bezahlte Erwerbstätigkeit haben und arbeitslos sind, darunter leiden, keinen sozialen Wert zu haben.

Wie ich bereits beschrieben habe, haben sehr viele Menschen noch ein äußerst traditionelles Bild von Arbeit, das stark mit dem Leistungsgedanken verknüpft ist. Doch die Vorstellungen in vielen Köpfen passen nicht mehr zur Realität. Es ist mehr als unwahrscheinlich, dass wir in 30 Jahren noch so arbeiten werden wie heute. Daher ist ein neuer Weg erforderlich, dafür ist noch viel Bewusstsein zu schaffen und Vorarbeiten sind zu leisten. Noch gibt es zu viele, die nicht erkannt haben, dass wir eine Transformation von Arbeit erleben und dass es jetzt die Chance gibt, diese mitzugestalten. Die Gruppe der Visionärinnen aber sehnt sich nach dem New Work, das zu einer Arbeitskultur auf Augenhöhe führt.

MEIN NEW WORK KONZEPT

Schade finde ich, dass New Work oft als reines Management-Tool verwendet wird, bei dem es um die Steigerung von Innovation, Produktivität und Effizienz geht. Doch aus meinem Verständnis geht New Work viel weiter. Daher spreche ich auch von der New Work Revolution. Es geht um einen tiefgreifenden Kulturwandel hin zu einer Arbeitskultur auf Augenhöhe. Dabei reicht nicht, dass wir uns persönlich ständig weiterentwickeln und kreativ sein wollen, wir benötigen das Umfeld in den Organisationen dafür. Darüber hinaus ist es eine gesellschaftliche Frage, was gute Arbeit überhaupt bedeutet, wie wir sie gestalten wollen und wie wir das nicht nur persönlich, in den Betrieben, sondern gesamtgesellschaftlich schaffen.

„Unsere Arbeitswelt wird nur dann sozialer, gerechter und demokratischer werden, wenn die Veränderung sich auf allen Ebenen vollzieht: der politischen, der wirtschaftlichen, der zivilgesellschaftlichen und kulturellen. Ob die Zukunft der Arbeit eine Dystopie sein muss oder ob wir der Utopie einer freien, gerechten und demokratischen Arbeitswelt näherkommen, liegt in unser aller Hand."

Lisa Herzog[31]

New Work ist für mich somit der Schlüssel für eine Arbeitswelt auf Augenhöhe, in der wir kooperativ zusammenarbeiten, in der Fairness gelebt, Wissen geteilt und Offenheit für neue Wege zugelassen wird. Es geht um eine neue Vertrauens-, Leadership- und Fehlerkultur, und zwar über alle Hierarchieebenen hinweg: von den Führungsetagen bis zu jeder einzelnen Mitarbeiterin und jedem einzelnen Mitarbeiter. Es gilt genauso für Selbstständige und Gründer:innen wie für Arbeitsuchende und Bewerber:innen. New Work ist für mich daher keine neue Organisationsform, es ist eine Haltung.

Nach meinem Verständnis ist New Work mehr als flexible Arbeitsmodelle, die Vier-Tage-Woche oder neue Organisationskonzepte, die sich gut verkaufen lassen. Es ist vielmehr eine Aufforderung an uns persönlich, an die Organisationen und die Gesellschaft, umzudenken und gemeinsam die Arbeitswelt menschlicher zu gestalten. Die zentrale Frage ist hier: Wie wollen wir in Zukunft arbeiten? Es geht um einen tiefgreifenden Prozess und

Kulturwandel in der Arbeitswelt. Es gilt eine Umgebung zu gestalten, die uns nicht krank macht, sondern unsere Gesundheit fördert. New Work beschreibt auch eine Arbeitswelt, in der nicht die Führungsetagen alleine bestimmen, sondern die Mitarbeiter:innen bei den Entscheidungen partizipieren. Es geht um eine Arbeitskultur, in der solidarisch zusammengearbeitet wird.

Im Laufe meiner Beschäftigung mit dem Thema haben sich diese drei Elemente von New Work herauskristallisiert. Ich möchte sie die drei Grundprinzipien meines New Work Konzepts nennen:

1. Fürsorge
2. Partizipation
3. Kreativität

Sie ergänzen sich und setzen bei den drei Ebenen an: Gesellschaft, Organisationen und Individuum. Für mein New Work Konzept orientiere ich mich an den Sustainable Development Goals der United Nations (SDGs), die Wohlbefinden, menschenwürdige Arbeit und Geschlechtergerechtigkeit als Ziele für wirtschaftliches und politisches Handeln definieren. Schauen wir uns diese drei New Work Grundsätze nun näher an. Was steckt hinter meinem Konzept, das sich bewusst – in vielen Aspekten – grundlegend unterscheidet von dem, was heute oft unter New Work verstanden wird?

1. FÜRSORGE

In meinen Gesprächen als Forscherin und Beraterin höre ich es eigentlich täglich: Beschäftigte wünschen sich mehr Wertschätzung, Anerkennung und Mitgefühl. Sie leiden, weil sie nicht wahrgenommen werden und sich alleingelassen fühlen. In vielen

Arbeitskontexten (in Organisationen, in kleinen Teams und bei Selbstständigen) fehlt die Kultur des Miteinanders. Zeit- und Leistungsdruck führen dazu, dass alle nur mehr funktionieren müssen. Das fördert ein toxisches Arbeitsumfeld, in dem die einzelne Person nur mehr an sich selbst denkt. Auch im täglichen Umgang zwischen Führungskraft und Mitarbeiter:in, zwischen Selbstständigen untereinander oder zwischen Auftraggeber:in und Auftragnehmer:in wird oft vergessen zu zeigen, dass wir füreinander da sind und einander unterstützen. Das ist der Gegensatz zu einer Kultur der Ellbogen, in der eigene Interessen durchgeboxt werden.

Jede:r kann hier einen Schritt setzen. Fürsorge in der täglichen Arbeit ist keine Einbahnstraße, da sind alle im Team gefragt. Die Führungskraft sollte allerdings damit beginnen, diese Kultur vorzuleben. So helfen vertrauliche Gespräche in einem angenehmen Rahmen oder am Morgen: Wie geht es dir/Ihnen? Was brauchst du / brauchen Sie? Wie kann ich dich/Sie unterstützen? Die Führungskräfte sind ebenfalls gefragt, füreinander da zu sein. Jedes Meeting kann auch mit so einem Check-in starten. So können die Teilnehmer:innen ankommen, sich wohlfühlen und aktiv einander zuhören.

Mitarbeiter:innen schätzen es besonders, wenn der Chef oder die Chefin täglich ins Büro kommt und einfach nachfragt: Wie geht es euch? Kann ich euch helfen? Das kostet nichts, aber geht oft leider verloren. Diese Wertschätzung und Anerkennung lassen uns Arbeit positiver erleben. So bewirken schon ein Lächeln und Grüßen am Gang oder die ernst gemeinte Frage „Wie geht es dir?", dass wir uns besser fühlen. Die US-amerikanischen Autorinnen Liz Fosslien und Mollie West Duffy schreiben in ihrem Buch „No Hard feelings"[32] über die Bedeutung von Emotionen am Arbeitsplatz. Nur in wenigen Organisationen werde über die emotionale Kultur gesprochen, obwohl sie uns laut den Autorinnen stark beeinflusst. Emotionen bewirken, wie sehr wir unsere Jobs mögen, wie gestresst wir uns fühlen und ob wir gut arbeiten können.

Aus meiner New Work Bibliothek:
No Hard feelings. Emotions at Work, Fosslien/Duffy 2019

Dabei ist es laut Fosslien und Duffy wichtig zu betonen, dass es keine „gute" oder „schlechte" emotionale Kultur gibt. Denn jeder Ausdruck von Emotion, der zu extrem ist, kann schädigend sein. So kann ein Zuviel an Mitgefühl und Rücksichtnahme im Unternehmen dazu führen, dass notwendige Konflikte nicht ausgetragen werden. Wichtig ist es daher, dass Organisationen und Individuen emotionalen Ausdruck zulassen. Dafür sind keine großen Strategieprojekte notwendig, denn Mitgefühl und Großzügigkeit haben einen Kaskadeneffekt („cascade effect"): Sie breiten sich aus von einer Person zur nächsten Person.

Organisationen, die dieses Mitgefühl verhindern, erleben höhere Fluktuationen, schreiben die Autorinnen. Außerdem fällt es Mitarbeiter:innen, deren Chef:innen unhöflich, verletzend oder bestrafend sind, viel schwerer, wichtige Informationen zu behalten. Dadurch werden auch eher schlechte Entscheidungen getroffen. Im Gegenzug sind Mitarbeiter:innen, die sich durch ihre Chef:innen und Kolleg:innen unterstützt und motiviert fühlen, glücklicher, produktiver und bleiben länger im Unternehmen. Sie sind außerdem gesünder und können besser mit Stress umgehen. Darüber hinaus vertrauen sie ihren Chef:innen mehr, wenn diese auf Fehler entspannter reagieren.

Fosslien und Duffy schlagen konkrete Maßnahmen vor, um Emotionen besser auszudrücken. Dazu zählen sie die „Anerkennung des Privatlebens": Es geht darum zu verstehen, wie es den Kolleg:innen geht, und sie so mit mehr Mitgefühl zu behandeln. Außerdem sind gemeinsame Kaffeepausen und Mittagsessen ein

Erfolgsfaktor. Wenn wir zusammen essen gehen, mögen wir uns und unsere Jobs eher. Das Plaudern in den Pausen macht Mitarbeiter:innen glücklicher, und sie sind motivierter. Die Lockdowns der Pandemie und der Zwang zum Homeoffice in dieser Zeit waren gerade deswegen für so viele Menschen schwierig, weil es plötzlich fehlte.

Das galt für Arbeitnehmer:innen, aber auch für Selbstständige. Von einem Tag auf den anderen war es ja nicht mehr möglich, bei gemeinsamen Kaffeepausen oder Mittagessen über persönliche Dinge zu sprechen. Die Covid-19-Pandemie hat gezeigt, wie wichtig dieser soziale Umgang am Arbeitsplatz ist. Füreinander da sein war besonders schwierig hinter den Bildschirmen und Telefonen. Somit war es auch schwierig, Konflikte zu erkennen oder zu spüren, wie die Stimmung im Team ist.

Die Wissenschaftlerin und Autorin Riane Eisler zeigt in ihrem Buch „Die verkannten Grundlagen der Ökonomie. Wege zu einer Caring Economy"[33] auf, wie diese Fürsorge auf einer gesellschaftlichen und ökonomischen Ebene umgesetzt werden kann: „Wir brauchen ein System, das unseren Bedürfnissen und Fähigkeiten gerecht wird, statt sie auszunutzen, das unsere Mitwelt bewahrt, statt sie zu zerstören, und das unser großartiges Potenzial an Fürsorge und Kreativität zur Entfaltung bringt, statt es einzuschränken." Der Kern ihres Konzeptes der Caring Economy ist die Partnerschaftlichkeit als Gegensatz zur Dominanz. Eisler unterstreicht, dass Beschäftigte kreativer und produktiver sind, wenn sie das Gefühl haben, mit ihren Bedürfnissen ernst genommen zu werden. Sie betont außerdem, dass Fürsorge und Care-Arbeit keine „Frauensache" sind. Männer und Frauen teilen hier die Verantwortung für die Fürsorge.

Aus meiner New Work Bibliothek:
Die verkannten Grundlagen der Ökonomie, Riane Eisler 2020

Gerade die junge Generation wünscht sich mehr Fürsorge in der Arbeit. In meinem bereits erwähnten Forschungsprojekt in einem Wiener Gymnasium war es das bestimmende Thema der Jugendlichen: Wir wollen gute Chef:innen, die uns unterstützen und unsere Coach:innen sind. Sie wünschen sich Feedback und Anerkennung für ihre Leistungen. Auch in einem anderen Forschungsprojekt mit Lehrlingen konnte ich es immer wieder hören: Wir wünschen uns ein gutes Team sowie Chef:innen, die uns fördern. Der Begriff Fürsorge beschreibt somit schön diesen sozialen Aspekt von Arbeit, der für so viele Menschen von großer Bedeutung ist.

In der betrieblichen Gesundheitsförderung spielen die Qualität der sozialen Beziehungen und die Fürsorge ein wichtige Rolle. So ist die Unterstützung durch Kolleg:innen und Führungskräfte bei beruflicher Belastung besonders wichtig. Dazu zählen soziale Konflikte mit Führungskräften oder Kolleg:innen, Informationsmangel, fehlende soziale Unterstützung, soziale Isolation und Mobbing:

„Die soziale Unterstützung am Arbeitsplatz dient nicht nur der Prävention und Bewältigung von sozialen Belastungen, sondern von einer großen Bandbreite von Problemen, die mit der Arbeitswelt verbunden sind, wie Über- und Unterforderung, Zeit- und Fallzahldruck, Rollenüberlastung und -konflikt, geringe Partizipation und hohe Kontrolle, Zukunftsunsicherheit, Organisationswandel (…)."

B. Badura, U. Walter, T. Hehlmann[34]

Das bedeutet für die betriebliche Gesundheitsförderung, dass Menschen für diese Belastungen und den Stress am Arbeitsplatz soziale Unterstützung durch Kolleg:innen und Führungskräfte brauchen, um ihre Gesundheit, ihr Wohlbefinden und ihre Arbeitsfähigkeit zu erhalten und zu fördern. Das trifft in einer Zeit der ständigen Veränderungen in der Arbeitswelt besonders zu, da diese „immer tiefgreifende Flexibilität- und Anpassungsanforderungen, Unsicherheiten, Ambiguitäten, Rollenkonflikte"[35] mit sich bringt.

Ein wichtiger Aspekt bei der Fürsorge ist auch, dass wir in der Arbeit von unseren Chef:innen gehört und in die Entscheidungen eingebunden werden, die uns persönlich betreffen. So greift die Fürsorge in das nächste Grundprinzip meines New Work Konzeptes: die Partizipation. Das Ineinanderfließen von Fürsorge und Partizipation zeigt sich vor allen darin, dass sensible, introvertierte Menschen ausdrücklich eingeladen werden sollten, mitzugestalten. Oft sind es Frauen, die sich häufig nicht zutrauen, ihre Punkte in Entscheidungsgremien und der Öffentlichkeit (bei Medien-Interviews) einzubringen. Oft wägen sie ab, bevor sie ihre Meinung teilen, hinterfragen kritisch jedes Argument. Ihre Ideen sind ebenso wichtig wie jene der lauten, selbstbewussten, die sich einfach rausstellen und drauflosreden. Diese Fürsorge der unterschiedlichen Perspektiven führt in der Folge zu besseren Entscheidungen.

2. PARTIZIPATION

Ein weiteres wichtiges Grundprinzip meines New Work Konzepts ist die Partizipation. Darunter verstehe ich die Mitgestaltung bei strategischen, grundlegenden Entscheidungen durch all jene, die davon betroffen sind. Arbeitgeber:innen müssen Partizipation und Mitgestaltung auf allen Ebenen ermöglichen. Der Begriff ist mittlerweile in aller Munde. Wenn ich davon spreche, die Mitarbeiter:innen einzubinden, geht es mir um diese Partizipation der vielen Stimmen.

In der Soziologie beschreibt Partizipation eine Beteiligung von Bürger:innen, die in den unterschiedlichen Gesellschaftsbereichen, wie Politik, Gesundheitswesen, Stadtentwicklung oder Ökologie, ihre Perspektive zu politischen, technischen und wissenschaftlichen Fragen beisteuern sollen.[36] Es ist eine andere Sichtweise, als sie bisher üblich war, in der nicht mehr die Expertise von politischen, technokratischen und wissenschaftlichen Entscheidungsträger:innen über jener der Bürger:innen steht.

Die Philosophin Lisa Herzog fordert in ihrem gleichnamigen Buch die „Rettung der Arbeit"[37] und baut die Brücke zur Partizipation im Kontext der Transformation der Arbeitswelt. Sie fordert eine Demokratisierung der Arbeit und den Ausbau der Möglichkeiten, die es in Deutschland und Österreich ja bereits gibt: im Betriebsverfassungsgesetz, durch die Mitbestimmung von Arbeitnehmer:innenvertretungen in Aufsichtsräten, den Schutz der Rechte von Arbeitnehmer:innen. Es gibt hier also bereits eine Tradition der Partizipation, die es weiterzudenken und für die Zukunft zu entwickeln gilt.

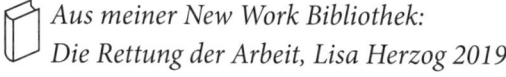 *Aus meiner New Work Bibliothek:*
Die Rettung der Arbeit, Lisa Herzog 2019

Ein praktisches Vorbild für mehr Partizipation in einem ganz anderen, und doch verwandten Bereich, nämlich der Erforschung und Entwicklung von neuen digitalen Technologien (Stichwort: Künstliche Intelligenz), ist das „Wiener Manifest für Digitalen Humanismus"[38]. 2019 wurde an der Technischen Universität in Wien diese neue Initiative ins Leben gerufen. Das Manifest beinhaltet einen Aufruf für mehr Partizipation:

„Mischt Euch ein und beteiligt Euch! Es geht um die Mitgestaltung der Politik mittels Expertise und öffentlichem Engagement, wo und wie auch immer das möglich ist. Unsere Forderungen sind das Ergebnis eines sich entfaltenden Prozesses, der Wissenschaftler:innen

*und Praktiker:innen aus verschiedenen Bereichen und Themen zu-
sammenbringt und der von Sorgen und Hoffnungen um die Zukunft geprägt ist. Wir sind uns unserer gemeinsamen Verantwortung für die aktuelle Situation und die Zukunft bewusst – sowohl
als Expert:innen als auch als Bürger:innen."*

Die Unterzeichner:innen des Manifests fordern, dass digitale
Technologien Demokratie und Inklusion fördern müssen, statt
sie zu verhindern. „Dies wird besondere Anstrengungen erfor-
dern, um derzeitige Ungleichheiten zu überwinden und das
emanzipatorische Potenzial digitaler Technologien zu nutzen –
und damit unsere Gesellschaft inklusiver gestalten zu können."[39]
Eine weitere Forderung ist, dass Entscheidungen, die sich auf
unsere Menschenrechte auswirken können, weiterhin vom Menschen getroffen werden müssen.

Außerdem müssen die Entscheidungsträger:innen für ihre
Beschlüsse verantwortlich und haftbar sein. Automatisierte Systeme sollen die Entscheidungsfindung durch den Menschen nur
unterstützen und nicht ersetzen. Zudem ist es erforderlich, dass
die Wissenschaft über die Disziplinen hinweg zusammenarbeitet,
um die Herausforderungen der Zukunft zu meistern. Etwa soll
die Informatik mit den Sozial-, Geistes- und Naturwissenschaf-
ten zusammenarbeiten, um disziplinäre Silos zu durchbrechen
und sich in einem offenen Dialog mit der Gesellschaft auseinan-
derzusetzen und Ansätze zu reflektieren.

Zu Beginn der Covid-19-Pandemie wurde ich eingeladen,
einen Beitrag für den Sammelband „Digitaler Humanismus.
Menschliche Werte in der virtuellen Welt" zu schreiben. Neben
den Auswirkungen der Digitalisierung auf die Technologieent-
wicklung, Bildung und Digital Empowerment legt der Sammelband einen Fokus auf die digitale Arbeitswelt im Wandel. Es geht
darum aufzuzeigen, in welchem Umfang digitale Innovationen

Organisationen sowie die Inhalte und Ausgestaltung von Arbeit verändern, um zu verdeutlichen, dass es notwendig ist, diesen Transformationsprozess menschenzentriert zu gestalten.

In meinem Beitrag „Arbeit neu denken, auf Augenhöhe treffen. Praktische Perspektiven auf den digitalen Wandel der Arbeitswelt"[40] beschreibe ich klimatische Veränderungen der Arbeitswelt und verbinde meine Beobachtungen der Arbeitswelt im Wandel mit den Bedürfnissen der jungen Generation von Beschäftigten. Bereits in diesem Artikel zeige ich, wie insbesondere junge, weibliche Beschäftigte mit ihrer Forderung nach mehr Mitgestaltung zu einer neuen Arbeitskultur beitragen. Als Visionärinnen treiben sie die New Work Revolution voran, wenn sie die Möglichkeit bekommen, zu partizipieren.

Im praktischen Teil dieses Buches stelle ich meine New Work Toolbox vor, mit der jede:r selbst eine New Work Initiative starten und so die Partizipation einfordern kann. Damit die Partizipation auch Freude macht und die Lust am Mitmachen wächst, ist ein kreativer Zugang wichtig. Daher stelle ich zuletzt den dritten Grundsatz meines New Work Konzepts vor: die Kreativität. Sie ermöglicht es, die Arbeitswelt der Zukunft mit spielerischer Neugierde und Offenheit für neue Wege mitzugestalten.

3. KREATIVITÄT

Eine Freundin sagte kürzlich zu mir: „Du bist wie eine Spürnase! Du folgst deiner Intuition und traust dich neue Wege zu entdecken." So zu handeln, musste ich erst wieder erlernen. Denn in meinem alten Job war es notwendig, meine Aufgaben genau und verlässlich zu erfüllen – Kreativität war da nicht sehr oft gefragt. Heute lade ich in meinen Vorträgen oder Beratungsstunden ein, spielerisch und lustvoll die eigene Neugierde und Kreativität zu entdecken und der Intuition zu folgen. Der Zugang zur eigenen

Kreativität hilft dabei, für sich selbst ein besseres Arbeitsleben zu gestalten.

Seit meinem Studium suche ich den Austausch mit Kunst und Kreativen, um aus der Enge meines Alltages auszubrechen, andere Perspektiven zu finden, mich zu spüren und neue Wege zu sehen. So war 2017 eine interdisziplinäre Ausstellung über die Zukunft der Arbeit im Museum für angewandte Kunst in Wien der Auslöser für mich, ganz persönlich, intensiv und ganzheitlich zu beobachten, wie sich die Arbeitswelt verändert und was das für mich bedeutet. Ich war gerade dabei, mich beruflich umzu-orientieren, meine Karriere völlig neu zu denken und zu organi-sieren. Als ich meinen Fuß in die Ausstellung setzte, begrüßte mich ein weißer, entzückender Roboter mit menschlichen Zügen. Ich war fasziniert von diesem scheinbar empathischen Wesen, mit dem ich in einen Dialog trat.

Ich spürte eine Verbindung und fragte mich: Wie wird die Technologie verändern, wie wir arbeiten? Was bedeutet das dann für mich – und für uns als Gesellschaft? Es war eine künstlerische Ausstellung, die mein Interesse und Bewusstsein für das Thema eröffnete. Die Begegnung mit Kunst, Kultur und Technologie hat rückblickend mein Leben grundlegend verändert. Neben Wis-senschaft und Bildung bietet gerade die Kunst Perspektiven, Stra-tegien, Methoden und Werkzeuge, um diese unbekannte Zukunft der Arbeit zu begreifen und mitzugestalten.

Auch im Rahmen der Vienna Design Week wurde das Thema Arbeit in einem künstlerischen Labor untersucht und gefragt, was New Work sein kann. Das Kunstprojekt hieß „Arbeit nach der Arbeit"[41] und war eine Kooperation des Instituts für Design Research in Wien und der Künstlerin Ottonie von Roeder. Im Mittelpunkt standen die Fragen „Was passiert, wenn Roboter und künstliche Intelligenzen unsere Arbeit übernehmen? Was würden wir der Technologie über unsere Arbeit beibringen? Und was ist es, was wir in Zukunft wirklich, wirklich machen möchten?". Als ich das Labor besuchte, konnte ich bereits die ersten Ergebnisse sehen. So waren die Wände voller Zeichnungen und ausgefüllter Fragebögen der Teilnehmer:innen. Es war für mich spannend zu beobachten, wie sie sich lustvoll, kreativ und spielerisch mit dem doch sehr sperrigen Thema auseinandergesetzt hatten.

Das Wiederentdecken der eigenen Kreativität ist der Schlüssel für ein besseres Arbeitsleben, das Sinn stiftet. New Work und eine Arbeitskultur auf Augenhöhe sind nicht ohne Kreativität zu denken. Ein bekannter Slogan ist „New Work needs inner work". Es ist der Aufruf, an uns selbst zu arbeiten, unsere Persönlichkeit und Kompetenzen weiterzuentwickeln. Wer mehr Freiheit und Partizipation möchte, ist gefragt, auch für sich selbst Verantwortung zu übernehmen. Das Problem ist, wir sind in unserer Arbeitswelt von sehr vielen Faktoren abhängig, über die wir gar keine Kontrolle haben.

Zynisch betrachtet lässt sich zu diesem Slogan natürlich sagen: Wenn sich die unzufriedenen Mitarbeiter:innen viel mit sich beschäftigen, dann brauchen die Arbeitgeber:innen nichts verändern. So wird uns oft gut gemeint in Magazinen, Podcasts, Büchern und in der Werbung eingetrichtert: Du kannst dein Leben selbst in die Hand nehmen. Du bist unzufrieden im Job? Dann buche doch das Yoga-Abo, den Coaching- oder Leadership-Lehrgang oder die Surf-Reise nach Bali. Alles wird dann besser. „Das Glücksdiktat und wie es unser Leben beherrscht"[42] ist ein Buch der israelischen Soziologin Eva Illouz und des spanischen Psychologen Edgar Cabanas, das dieses Problem treffend beschreibt:

„Glück lässt sich lernen. Das will uns die boomende Glücksindustrie weismachen – mit ihren Seminaren, Ratgebern und Happiness-Indizes. Wenn wir uns nur ausreichend bemühen, kommt auch die Zufriedenheit."

RESONANZ

Der Zugang zur eigenen Kreativität hilft dabei, sich besser zu spüren. Das Resonanz-Konzept des Soziologen Hartmut Rosa knüpft hier an. In seinem Vortrag im Rahmen einer Veranstaltungsreihe der Heinrich Böll Stiftung in Deutschland[43] erläutert er sein Konzept: Resonanz ist eine Möglichkeit, unser Leben bewusster erlebbar zu machen in einer Gesellschaft, die auf Wachstum und Innovation ausgerichtet ist. Er beschreibt, dass die permanente Beschleunigung uns in eine Burn-out-Krise führt. Für ihn liegt der Ausweg in der Resonanz. Diese ermöglicht erst ein gutes Leben. Sie ist auf die Achtsamkeit gerichtet, mit der wir einander begegnen. Wenn wir zum Beispiel Musik hören, passiert etwas, das mehr ist als Wertschätzung für die Musik. Wir spüren eine Verbindung. Wenn wir in die Natur fahren oder uns auf Kunst einlassen, können wir eine Resonanzsphäre gestalten.

Diese Resonanz kann in Verbindung zu Menschen entstehen, wie bei einer Liebesbeziehung, aber auch zu Dingen: zum Text beim Schreiben als Journalistin, zum Brot als Bäcker, aber auch zum Bereich der Bildung, Kunst und Arbeit. Wenn wir in Resonanz kommen, dann schwingen wir miteinander. Niemand zwingt jemand anderem etwas auf, alles hat einen Einfluss, alles wird berührt, so kommen wir in Gleichklang. Es geht um das Sich-berühren-Lassen und wiederum selbst andere zu berühren.

Nach Rosa lassen sich fünf Merkmale von Resonanz feststellen:

1. Etwas berührt mich.
2. Ich antworte darauf.
3. Es passiert eine Transformation, und ich bin danach nicht mehr dieselbe Person.

4. Resonanz lässt sich nicht systematisch herstellen (zum Beispiel durch teure Konzerttickets oder indem wir Fotos davon machen, um es festzuhalten).
5. Resonanz ist nur unter bestimmten Voraussetzungen möglich.

Rosa sieht Resonanz als Schlüssel dafür, Dinge anders anzugehen. Denn heute sind die Unternehmen getrieben von Qualitätskontrolle, Optimierungsstreben und Rationalisierung und verhindern Resonanz, so Rosa. Dort, wo Menschen Angst haben, sich in Konkurrenz finden, wo schnelle Ergebnisse verlangt werden, entsteht sie einfach nicht. Dafür sind Räume, Zeit und soziale Bedingungen zu schaffen. Auf der persönlichen Ebene können wir Resonanz erleben, wenn wir in die Natur fahren oder uns auf Kunst einlassen und so eine Resonanzsphäre gestalten. Für mein New Work Konzept bedeutet es, Räume für Kreativität, Zeit und soziale Begegnungen im Arbeitsumfeld zu schaffen, um Resonanz zu ermöglichen.

FEHLERKULTUR

Hier knüpft auch die Frage nach einer neuen Fehlerkultur an. So wie ich es bereits beschrieben habe, hindert die Angst vor Fehlern uns daran, neue Wege einzuschlagen. Besonders engagierte Mitarbeiter:innen leiden darunter: Du hast eine gute Idee, aber die Angst zu scheitern ist groß und daher versuchst du gar nicht wirklich, deine Vision umzusetzen. Doch nicht nur wir selbst sind von dieser Angst, Fehler zu machen, wie gelähmt, auch Organisationen haben oft eine veraltete oder gar nicht existierende Fehlerkultur. Der bekannteste Satz diesbezüglich, den vermutlich alle kennen: „Das haben wir immer schon so gemacht!"

Für die komplexen Herausforderungen der Zukunft gibt es jedoch keine Standardlösungen mehr. Es ist daher dringend notwendig, eine neue Fehlerkultur zu etablieren. Wir sind gefragt zu experimentieren, und wenn etwas nicht so funktioniert, wie wir es uns vorgestellt haben, können wir aus unseren Fehlern in jedem Fall lernen. Nie sollten wir dabei vergessen, dass Scheitern zu jedem neu zu entdeckenden Prozess dazugehört und uns oft auch auf die richtige Fährte führt.

Im Gegensatz dazu sind es Symptome einer veralteten Fehlerkultur, jemandem die Schuld zuzuschieben und mit dem Finger auf jemanden zu zeigen. Die andere Seite der Medaille von „Das haben wir immer schon so gemacht!" ist die Reaktion, wenn es trotzdem ausprobiert wird: „Das war ja klar, dass das nicht funktionieren wird." Eine neue Fehlerkultur hingegen ist gekennzeichnet dadurch, Herausforderungen und Fragestellungen mit Offenheit zu begegnen und die Denkrichtung immer wieder zu ändern. Doch dafür ist ein Umdenken gefragt, wie ich es bereits beschrieben habe. Führungskräfte müssen erst selbst lernen, die Angst vor Fehlern zu verlieren, und es so ihren Mitarbeiter:innen vorleben.

Das Forschungszentrum für Molekulare Medizin CeMM in Wien ist ein interessantes Praxisbeispiel, wie Kreativität in einer Organisation beim Einzelnen gefördert werden kann. Die Geschäftsführung ist bemüht, den Forscher:innen sehr gute Rahmenbedingungen zu bieten. So werden Künstler:innen eingeladen, Arbeitsräume zu gestalten, die gleichzeitig Rückzugsort und Ort für das Ausleben der eigenen Kreativität sind. Time Capsule heißt einer der Orte, eine Bibliothek mit 13.000 ursprünglich leeren Notizheften. Sie ist als Kommunikationsplattform gedacht, die es ermöglichen soll, sich zufällig in diesem Raum zu begegnen. Es ist ein Ort, der einlädt zu verweilen und spontane Einfälle in den Notizbüchern zu hinterlassen.

Wer diese Bibliothek besucht, kann die Hefte nach Belieben herausziehen und eigene Gedanken und Ideen hinterlassen. Als ich den Raum betrat, kam ich gleich zur Ruhe, und meine Neugierde und mein Spieltrieb wurden geweckt: Was versteckt sich wohl in dem roten Notizbuch? Und schon entdeckte ich darin einen Spruch, der mich zum Nachdenken anregte.

DAS INNOVATIONSTHEATER

Im Gegensatz zu meinem New Work Konzept, das ich skizziert habe, sieht die Realität leider oft ganz anders aus. In dem Artikel „Why Companies Do ,Innovation Theater' Instead of Actual Innovation"[44] im Harvard Business Review wird das Problem beschrieben: Große Organisationen erleben derzeit einen Umbruch, der durch Digitalisierung, Klimawandel und demografischen Wandel geprägt ist, und kämpfen mit der unsicheren Situation. Die Verpflichtungen auf nationaler und internationaler Ebene, Nachhaltigkeit als Ziel zu verfolgen, nehmen ebenfalls zu. Die Organisationen haben verstanden, dass sie etwas verändern müssen, aber tun unreflektiert Dinge, ohne wirklich das Problem zu verstehen.

Der Autor Steve Blank argumentiert, dass Unternehmen, die so weitermachen, fundamental scheitern werden. Das größte Problem dabei liegt innerhalb der Organisationen: Veraltete Managementprozesse machen es unmöglich, auf neue Herausforderungen zu reagieren. Denn die bestehenden Prozesse im Bereich Human Resources, Recht, Einkauf, Verkauf oder Produktentwicklung sind in einer Zeit entwickelt worden, in der die Herausforderungen und deren Lösungen bekannt waren. Doch das hat sich nun überholt. Je größer die Organisationen werden, desto mehr Prozesse und Verwaltung gibt es. Der Ausweg ist laut Blank, an Haltung, Kultur und Prozessen zu arbeiten und einen Schritt zurückzutreten, um das Problem zu erkennen.

Gerade in Unternehmen, die viel investieren, um als moderne Arbeitgeber:innen wahrgenommen zu werden, werden immer schneller neue Arbeitsmodelle und IT-Tools eingeführt und Reformen initiiert. Wie schon beschrieben, wird in diesem Innovationsrausch oft vergessen, dass die Mitarbeiter:innen mit zusätzlichen Aufgaben überrollt werden. Oftmals fehlt es an Strategie und Kommunikation. Die Führungsetagen kippen in Aktionismus.

Außerdem wird die Welt der Start-ups oft immer noch als DAS Beispiel für neues Arbeiten abgefeiert. Diese agilen Unternehmen gelten als Vorbilder, denn wo so viel Innovation entsteht und Gewinn gemacht wird, da muss ja etwas richtig laufen. Leider wird übersehen, dass Machokultur und Ausbeutung gern unter dem wohlklingenden Feigenblatt „Selbstverwirklichung, bunte Möbel, Tischfußball und Barrista-Café" verdeckt werden. Was aber von Start-ups gelernt werden kann, ist die Offenheit für neue Wege, die Kultur, die es erlaubt, schnell auf Entwicklungen einzugehen und kreative, engagierte Köpfe anzuziehen.

Im Gegensatz dazu zeichnet sich New Work jedoch dadurch aus, dass die Probleme erkannt und dem Wissen der Vielen bearbeitet werden. Für ein neues Arbeiten und eine Arbeitswelt auf Augenhöhe reicht es eben nicht, sich als Early Adapter neuer Trends zu verstehen, sondern es gilt, die Vielfalt unterschiedlicher Perspektiven zu vereinen, im Kleinen und im Großen. Dabei ist es wichtig, dass die Führungsetagen vorangehen. Denn für ein Innovationstheater haben wir keine Zeit mehr.

Gerade junge Visionärinnen lassen sich gern von Start-ups anwerben. Doch sie bleiben nur, wenn sie wertgeschätzt werden, ihre Interessen verfolgen und sich weiterentwickeln können. Sonst sind sie schnell beim nächsten, gern auch traditionellen Unternehmen oder machen sich selbstständig.

VISIONÄRINNEN TREIBEN DEN WANDEL VORAN

In den letzten Jahren konnte ich ganz klar beobachten: Es gibt da eine Gruppe von Menschen, denen geht es wie mir früher. Sie haben viele Ideen und Ansätze, ihr Arbeitsumfeld mitzugestalten, aber scheitern an den Rahmenbedingungen. Die überwiegende Mehrheit dieser Visionärinnen, die ich treffe, sind engagierte Frauen meiner Generation (Millennials). Sie treiben die New Work Revolution voran. Ich male mir das ja eigentlich sehr schön aus: wir als Gruppe, als Bewegung. Doch leider gibt es das noch nicht, ich treffe diese Frauen bisher sehr vereinzelt in den Betrieben oder manchmal bei Frauennetzwerktreffen. Doch sehr oft sagen sie zu mir: Ich wünsche mir mehr Austausch mit anderen, denen es so geht wie mir.

Das Problem: Visionärinnen werden nicht eingeladen, wo heute über die Zukunft der Arbeit in Wirtschaft und Politik entschieden wird. Die Autorin Caroline Criado-Perez schreibt in ihrem Buch über die „unsichtbaren Frauen"[45] und schildert, wie wir in einer Gesellschaft leben, die ohne Frauen gestaltet wird. Und wenn sie doch einmal mitreden dürfen, dann sind sie dort wie ich eine willkommene Abwechslung oder ein „Feigenblatt", wie ich selbst als Teilnehmerin bei einem Managementkongress bezeichnet wurde. Sie haben allerdings alternative Wege entwickelt, sie schließen sich zusammen, gründen Vereine und digitale Communitys, sie vernetzen sich und organisieren ihre eigenen Kongresse. Sie versuchen, in der Öffentlichkeit wahrgenommen zu werden, und sind dabei oft in ihrer eigenen Bubble sehr erfolgreich.

Ich habe viele Visionärinnen in den letzten Jahren getroffen und beobachtet, wie sie agieren, was sie auszeichnet und welche Rahmenbedingungen sie benötigen, um erfolgreich zu sein. Es sind meist kritische, gut ausgebildete, junge weibliche Beschäftigte, die selbstbewusst eine neue Art des Arbeitens einfordern. Sie wissen, wie sich ihr Arbeitsumfeld ändern muss, aber erleben tagtäglich, dass sie nicht ernst genommen und gehört werden. Sie erleben ungleiche Machtverteilung, starre Hierarchien und viele Ungerechtigkeiten. Viele denken über ihren persönlichen Ausweg nach, oft allein im Stillen.

Nur wenige haben Zugang zu den wichtigen Machtzirkeln, wo die grundlegenden Entscheidungen getroffen werden: strategische Ausrichtung, Budgetverteilung, Beförderungen und Gehälter, Ausgestaltung des Büros, Reformen. Obwohl sie genauso betroffen sind von diesen Entscheidungen, die den ganz persönlichen Alltag prägen, werden sie nicht eingeladen und gehört. Die Führungsetagen lassen sich lieber von Start-up-Gründern aus dem Silicon Valley oder von Philosophen ihrer Bubble erklären, wie sie die Zukunft gestalten sollen, als sich mit ihren Visionärinnen in einen Raum zu setzen und gemeinsam mit ihnen neue Wege zu gehen. Es ist die scheinbar einfachere Lösung: Lade einen schillernden Keynote-Speaker zu einem repräsentativen Galaevent, anstatt über die notwendigen Veränderungen mit den Betroffenen selbst zu diskutieren.

Charakteristisch für Visionärinnen ist, dass sie nicht mehr unzufrieden sein wollen, sondern aktiv mitgestalten möchten, und das nicht nur für sich selbst. Sie bilden sich laufend weiter und suchen sich bewusst Arbeitgeber:innen, die ihnen versprechen, ihre Bedürfnisse ernst zu nehmen. Bekommen sie nicht, was sie wollen, ziehen sie weiter. Sie fordern von Unternehmen und Organisationen: Wir wollen endlich Arbeit, die Sinn macht, wo wir mitgestalten können und ernst genommen werden! Es ist der richtige Zeitpunkt. Denn Arbeitgeber:innen stehen wie beschrieben immer mehr unter Druck, die richtigen Antworten auf die Herausforderungen der Zukunft zu finden: Wir müssen etwas tun, aber was? Das betrifft vor allem Unternehmen, die am Arbeitsmarkt erleben und beklagen, keine Fachkräfte zu finden.

2017 startete ich daher auf meinem Blog mit dem Interview-Projekt „Wir und die Zukunft der Arbeit" eine öffentliche, digitale Plattform, um die Visionärinnen in der Öffentlichkeit sichtbar zu machen. Ich wählte junge Expertinnen aus, die sich in ihrem Job und persönlich damit auseinandersetzen, wie sie arbeiten wollen und was gute Arbeit auszeichnet. Sie füllten einen Fragebogen aus, der dann über meinen Blog und über unsere Social-Media-Kanäle geteilt wurde. Die befragten Frauen waren sich einig, dass Selbstbestimmung, Autonomie, Weiterentwicklung, Lebens- und Arbeitsqualität sowie Vielfalt wichtige Faktoren für ihre Arbeitszufriedenheit sind:

„Flexibilität und Selbstbestimmung sind für mich wichtig und wertvoll. Ich mag die Abwechslung und die Entscheidung, wann und wo ich mich welchen Inhalten widmen mag."

„Meine Arbeit sollte möglichst flexibel organisiert sein. Ich will, dass Arbeit und Familie kompatibel sind. Andererseits wünsche ich mir klare Arbeitsbereiche und -zeiten."

„Arbeit bedeutet für mich eine Form der Weiterentwicklung meines Selbst, eine Art der eigenen Entfaltung sowie des Lernens und Umgebensein von neuen Herausforderungen."

„Aber auch für Menschen ohne Betreuungspflichten erscheint es mir wichtig, dass Arbeitsverhältnisse so gestaltet sind, dass sie uns ausreichend Energie für andere Dinge im Leben lassen."

„Für mich ist es unglaublich bereichernd, dass ich mich täglich mit Menschen austauschen kann, die vor den gleichen Herausforderungen stehen und von denen ich lernen kann. Sehr wertvoll erlebe ich eine möglichst große Diversität in Teams und die Fähigkeit, unterschiedliche Sichtweisen und Problemlösungszugänge wertschätzen zu können."

Das grundlegende Dilemma dieser Gruppe ist, dass sie wissen, was zu tun wäre, sie aber noch zu selten in der Position sind, den Kulturwandel von oben vorantreiben zu können. Ich hatte jedenfalls in den letzten Jahren mehr mit Assistentinnen von Geschäftsführern und Personalchefs zu tun als umgekehrt. Die Studien belegen, dass Frauen in Macht- und Entscheidungspositionen unterrepräsentiert sind. Doch nur langsam ist auch hier Bewegung zu erkennen. Denn diese jungen Frauen schließen sich zusammen und reißen so zunehmend Wände ein, die ihre Mütter, Großmütter und Urgroßmütter vor ihnen bereits jahrzehntelang angebohrt haben. Leider findet noch viel zu selten der Zusammenschluss über die Generationen und Hierarchien hinweg statt.

Die jungen Visionärinnen vernetzen sich, nutzen ihre digitalen Plattformen und bauen ihre eigenen Communitys auf. Sie fordern weltweit immer selbstverständlicher ein, was ihnen zusteht. Die Studie „The Female Millennial: A New Era of Talent" des Consultingunternehmens PwC[46] richtet sich an Unternehmen:

„Female millennials matter because they are more highly educated and are entering the workforce in larger numbers than any of their previous generations. The female millennial is also more confident than any female generation before her and considers opportunities for career progression the most attractive employer trait. To be successful and capitalise on the aforementioned traits, employers must commit to inclusive cultures and talent strategies that lean into the confidence and ambition of the female millennial."

Ein wichtiger Teil der Visionärinnen sind Arbeitnehmerinnen, die in Organisationen für die Themen Kulturwandel, New Work und für Personalangelegenheiten zuständig sind. Sie haben Jobs mit klingenden Namen wie Employer Branding Specialist,

Executive Assistant HR, New Work Trendscout oder Community, Happiness und Corporate Culture Manager. Ihre Aufgabe ist es, nach außen hin, auf Konferenzen und Events, zu kommunizieren, dass ihr Unternehmen ein attraktiver Arbeitsplatz besonders für junge Zielgruppen ist. Viele dieser Frauen treiben ihre Projekte mit viel Herzblut und Leidenschaft voran.

Erst als ich mit meinem Blog in die Öffentlichkeit trat, lernte ich andere Visionärinnen kennen. Endlich hatte ich nicht mehr das Gefühl, allein zu sein. Viele Geschichten und Erfahrungen wurden mir seither erzählt, und das Bedürfnis nach einem geschützten Rahmen, einer Plattform für ehrlichen Austausch wurde für mich immer spürbarer. So wurde mir zum Beispiel eine sehr berührende Geschichte erzählt, die sich so ähnlich zugetragen hat:

Sie wusste nicht mehr, was sie tun sollte. Sie fühlte sich ängstlich und klein, und seit Wochen kämpfte sie mit chronischem Hautausschlag und Migräne. Sie hielt es kaum mehr aus, wollte nicht mehr in die Arbeit fahren. Sie fühlte sich nicht wertgeschätzt, brachte sie eigene Ideen ein, wurde sie ignoriert, manchmal reagierten ihre Kolleg:innen und Vorgesetzten sogar aggressiv. Als ihr mächtiger Chef zu ihr sagte: „Es ist nicht deine Rolle, hier neue Ideen einzubringen. Tu einfach, was man dir sagt", konnte sie nicht mehr. Sie steckte voller Ideen und Tatendrang, doch hier erkannte niemand ihr Potential. Sie musste Aufgaben erledigen, die sie für sinnlos erachtete. Gleichzeitig war ihr bewusst, dass dieser Job eine große Chance war für ihre Karriere. Einfach hinschmeißen? Sie wusste nicht, ob sie sich das leisten konnte. Sie fühlte sich machtlos, schwach und für ihre nicht einmal 30 Jahre viel zu müde.

In systemrelevanten Berufsfeldern, die für die Gesellschaft heute und in Zukunft von so großer Bedeutung sind, finden sich ebenfalls viele Visionärinnen mit klaren Vorstellungen und Ideen, was sich ändern muss und wie. Dazu zählen u.a. Lehrpersonal, Pflegekräfte oder Sozialarbeiter:innen. Viele gehen in ihrem Beruf auf, lieben die Arbeit mit Menschen und wollen das Beste für ihr Umfeld. Dabei leiden sie häufig unter der fehlenden Anerkennung, die sich oft auch in der geringen Entlohnung zeigt.

Ich treffe auch immer mehr (junge) reflektierte Männer, die unter ihren Arbeitsbedingungen leiden. Sie sind erschöpft, ausgebrannt und erkranken an Depressionen, da die Überforderung durch den Zeit- und Leistungsdruck steigt. Außerdem werden sie aufgrund veralteter Rollenbilder in die „Versorger-Rolle" gedrängt. Von ihnen wird verlangt, in einem System zu funktionieren, das von Männern geschaffen wurde. Für die Zukunft wünsche ich mir, dass wir uns alle zusammentun und solidarisch für eine Arbeitskultur auf Augenhöhe eintreten. Ich baue dafür Netzwerke und Communitys, um gemeinsam an dieser nachhaltigen Transformation in der Arbeitswelt zu arbeiten.

Die Qualität von Visionärinnen in allen Berufsgruppen und Hierarchieebenen ist es, aufmerksam die Probleme zu erkennen und zu benennen. Anders als die Lauten, die schnell und unbedacht vorgehen, sind sie jene, die in der zweiten Reihe eigene Ideen bedachtsam entwickeln, die Vorschläge anderer kritisch betrachten, analysieren und abwägen. Sie bringen in Veränderungsprozesse die notwendige Sensibilität, Fürsorge und Kreativität, die gebraucht werden, um nachhaltige und vorausschauende Lösungen für die Herausforderungen der Zukunft zu finden. Sie sind der Think-Tank der Vielen, die es in jeder Organisation, in jedem Team gibt. Sie sind es müde, von den externen Beratungskonzernen gesagt zu bekommen, wie alles besser wird.

Nur jene Unternehmen, die ihren Mehrwert und ihre Bedeutung erkennen und ihnen den notwendigen Zugang zu den

Entscheidungsgremien, Werkzeuge und zeitliche wie finanzielle Ressourcen zur Verfügung stellen, werden in Zukunft Personal finden. Gleichzeitig bietet die Transformation der Arbeitswelt, die wir heute erleben, allen Visionärinnen die einzigartige Möglichkeit, endlich gehört zu werden. Dafür müssen wir uns noch besser vernetzen und gemeinsame Communitys aufbauen! Denn nur gemeinsam können wir für eine bessere Arbeitswelt eintreten. Wir müssen uns zusammenschließen, uns abstimmen und eine gemeinsame Sprache und Plattformen entwickeln. Es ist Zeit, Farbe zu bekennen und sich nicht in die eigene Bubble zurückzuziehen. Gemeinsam müssen wir versuchen, die aktuelle Situation zu verbessern, auch für jene, die weder Ressourcen noch Zugang zur öffentlichen Diskussion haben.

„The 21st century will see the adaptation (or not) of men to the consequences of that rise. The reality is that the transition is not smooth and the backlashes will be regular, but the benefits are potentially huge."

Avivah Wittenberg-Cox[47]

7.
TOOLBOX FÜR DIE PRAXIS

„OB DIE ZUKUNFT DER ARBEIT EINE
DYSTOPIE SEIN MUSS ODER OB WIR
DER UTOPIE EINER FREIEN, GERECHTEN
UND DEMOKRATISCHEN ARBEITSWELT
NÄHERKOMMEN, LIEGT IN UNSER
ALLER HAND."

LISA HERZOG[48]

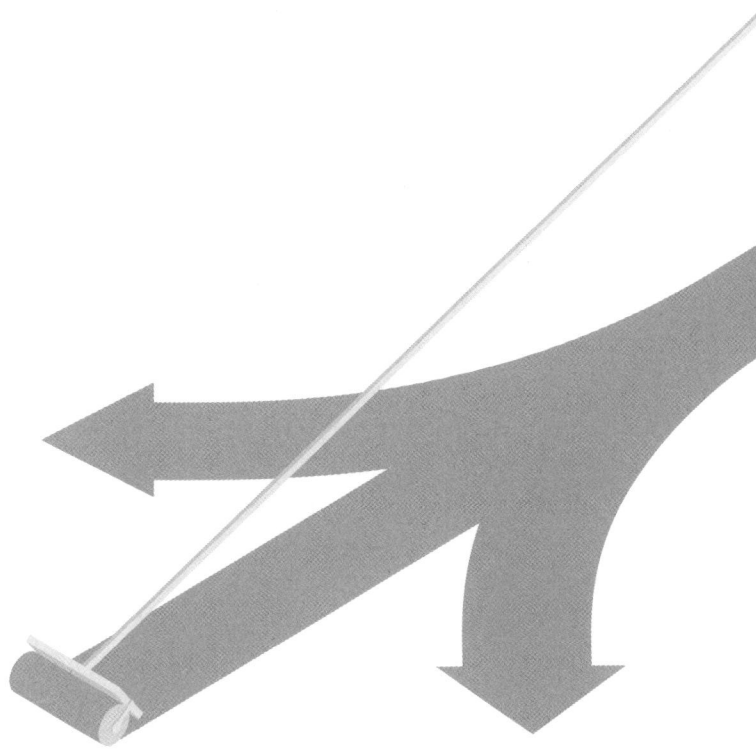

Mit diesem Kapitel lade ich alle ein, die bereit sind, selbst New Work in die Praxis umzusetzen und eine eigene New Work Initiative zu starten, und die so Teil der New Work Revolution werden wollen. Aber auch alle, die kurz davorstehen, ihren Job zu kündigen – oder daran denken. Aus eigener Erfahrung bin ich überzeugt: Bevor du kündigst, versuche dein Arbeitsumfeld und deine Arbeit selbst zu gestalten. Für mich war es damals wichtig, bevor ich meinen sicheren Job kündigte, mir selbst sagen zu können: Du hast alles getan, was du konntest. In diesem Kapitel habe ich das Wissen und die Tools aus meiner langjährigen Erfahrung als engagierte Mitarbeiterin im Ministerium (2009–2017) und als Gründerin meines Future Labs für ein neues Arbeiten (seit 2017) zusammengestellt.

Vor fünf Jahren begann ich über New Work nachzudenken, meine Ideen öffentlich zu teilen, über den Blog, in TV-Interviews, in Gastkommentaren in Zeitungen oder mit meinen Vorträgen. Seither landen regelmäßig Anfragen in meinem E-Mail-Postfach von Interessierten, die New Work auch in ihrem Arbeitsleben umsetzen möchten. Sie wollen wissen, was sie tun können und was sie dafür brauchen. Virginia Woolf hat in ihrem Buch „Ein Zimmer für sich allein"[49] klar beschrieben, was notwendig ist, um die eigene Stimme zu finden und aktiv zu werden (in ihrem Fall, um als weibliche Autorin ihrer Zeit ein Buch zu schreiben). Daran angelehnt rate ich daher dazu, die notwendige Auszeit zu nehmen, um zur Ruhe zu kommen, zu reflektieren, was New Work für sich persönlich bedeutet und wie es im eigenen Arbeitsumfeld umgesetzt werden kann.

Ich empfehle einschlägige Bücher, Podcasts und Magazine aus meiner persönlichen New Work Bibliothek (so wie ich sie in den Infoboxen der letzten Kapitel vorgestellt habe). Allen, die sich dann vertieft mit New Work beschäftigen wollen, rate ich dazu, eine Community zu suchen oder aufzubauen. Ich unterstütze bei diesem Weg mit persönlichen New Work Beratungs-stunden, einem gemeinsamen New Work Lab oder einer Lear-ning Journey, um die ganz konkreten Herausforderungen in Angriff zu nehmen und erste Schritte zu setzen – denn Standard-lösung gibt es leider keine. Für die Erarbeitung der konkreten Schritte, die dabei helfen sollen, New Work umzusetzen, gehe ich nach meiner eigenen New Work Methode vor, die ich in den letz-ten Jahren laufend weiterentwickelt habe und in die ich meine Erfahrungen einfließen lasse.

DIE NEW WORK METHODE

Im Kern geht es bei meiner Methode darum, zu reflektieren, um Probleme zu erkennen und zu benennen, mögliche Lösungsan-sätze zu recherchieren, eigene Ideen zu entwickeln und mit ihnen zu experimentieren und schließlich zu teilen, um Unterstüt-zer:innen zu finden. Die Methode in vier Schritten zusammen-gefasst:

1. Reflektiere
2. Erforsche
3. Gestalte
4. Teile

Im ersten Schritt lade ich dazu ein, über den Status-quo zu reflektieren und zu analysieren, wo es ganz konkrete Handlungs-felder im persönlichen Arbeitsumfeld gibt, die verbessert werden sollen. Um hier Bewusstsein für mögliche Probleme zu schaffen, gebe ich in meinen Beratungsstunden gezielte Impulse – wie eine eigene Erfahrung, eine Studie oder einen Fall aus meiner For-schung. Dann beschreiben wir diese konkreten Probleme. Im zweiten Schritt ermutige ich dazu, neue Ideen und Konzepte zu recherchieren und zu sammeln. Im dritten Schritt wird zunächst eine der Ideen im Arbeitsalltag umgesetzt. Es geht darum, die Idee wie Samen in die Erde zu setzen, um zu sehen, was passiert. Wir experimentieren also damit, beobachten, besprechen es, lernen daraus und setzen weitere Schritte mit diesem neu gewonnenen Wissen.

Im vierten Schritt geht es darum, die Idee zu teilen, um in der eigenen Organisation Mitstreiter:innen zu finden, und diese Idee zu verankern, indem sie in Form eines Konzeptpapiers bei einem Meeting/Event bei einem Gespräch mit der Chefin, einem Mittagessen mit den Kolleg:innen oder einem eigenen Event vorgestellt wird. So kann die Idee mit den anderen weiterentwickelt werden, bekommt mehr Aufmerksamkeit, und die Wahrscheinlichkeit steigt, dass sie zu einem Projekt oder Ähnlichem wird. Dieser Prozess ist nicht linear, sondern die Schritte wiederholen und überschneiden sich.

BEISPIEL AUS MEINEM FUTURE LAB

Ich begleitete eine junge Mitarbeiterin einer großen, traditionellen Organisation, die sich für New Work interessierte und es in ihrem Job umsetzen wollte. Nach der Reflexion und Standortbestimmung sammelten wir gemeinsam Ideen und identifizierten das nächste Mitarbeiterinnengespräch als Möglichkeit, eine dieser Ideen (konkret: digitale Recruitingtools) ihrer Chefin vorzustellen, um sie dafür zu gewinnen. Bei weiteren Treffen sprachen wir über ihre Fortschritte. Da diese Initiative erfolgreich war, überlegten wir, welche weiteren Ideen sie umsetzen wollte. Ich regte an, über kleine Events und die interne Kommunikation ihr Wissen zu teilen und so eine Community von Mitstreiter:innen innerhalb der Organisation aufzubauen.

Im Kern geht es darum, die Probleme zu erkennen, sich zu informieren, mit Impulsen von außen eigene Ideen zu entwickeln, dabei Mut zu haben, sie voranzutreiben und Mitstreiter:innen zu finden, um die Ideen in die Praxis umzusetzen. Denn New Work ist nicht die einfache Lösung für alle Probleme, sondern es ist ein Prozess, der von allen Beteiligten erfordert, zur Ruhe zu kommen, kreativ zu sein und sich mit anderen zu vernetzen. Dabei hilft es, die Kraft des Storytellings zu nutzen, denn Erfolgsgeschichten berühren und machen Mut, sich auch zu trauen und neue Wege auszuprobieren. Unternehmen schlage ich vor, Räume zu schaffen, in denen neue Ideen entwickelt werden können. Wo alle, die mitmachen wollen, einen sicheren Rahmen vorfinden, in dem sie mit neuen Wegen experimentieren, Ideen entwickeln und austauschen, neue Erfahrungen sammeln und voneinander lernen können.

Mein Prozess erinnert manche vielleicht an die sogenannte „Design Thinking Methode"[50], die Unternehmen dabei unterstützen soll, innovative Produkte und Services zu entwickeln. Im Gegensatz dazu wende ich mich mit meiner Methode an Menschen, die mit einer eigenen New Work Initiative ihr Arbeitsumfeld und ihre Arbeitskultur mitgestalten wollen. Die Strategien und Werkzeuge, die ich nun näher vorstellen werde, orientieren sich an meiner vorgestellten Methode, die in ihrer Prozesshaftigkeit immer wieder durchscheinen wird. Die vier Schritte immer grob im Kopf zu haben, hilft dabei, Klarheit und Orientierung zu bewahren und die eigenen Gefühle und Beobachtungen einordnen zu können.

RAUS AUS DER KOMFORTZONE

Eine wichtige Strategie, um die erste New Work Initiative zu starten, ist, sich aus der eigenen Komfortzone zu trauen. Ich war früher sehr stark von dem Selbstbild geprägt, funktionieren zu müssen, keine Probleme zu machen. Ich war zwar nie wirklich perfektionistisch, aber Fehler waren mir unangenehm. Deshalb handelte ich so, wie es von mir erwartet wurde, und nicht, wie ich eigentlich wollte. Es ist noch nicht lange her, da durchschaute ich, wie sehr ich durch die Erwartungen anderer geprägt war. Doch noch in meinem alten Job als Juristin im Finanzministerium begann ich diese Haltung immer mehr zu hinterfragen und erste Schritte raus aus dieser Komfortzone zu wagen.

Der erste Schritt war ein zweimonatiges Praktikum bei der Europäischen Union in Brüssel, dann war ich ein Jahr auf Bildungskarenz in England, danach reiste ich das erste Mal alleine nach Kalifornien und traf mich dort mit einer Bekannten aus Schweden, um einen Roadtrip zu machen. So traute ich mir plötzlich immer mehr zu. Zu Beginn war ich noch unsicher, doch je öfter ich meine Komfortzone verließ, umso selbstsicherer und mutiger wurde ich. Noch heute höre ich von alten Kolleg:innen und von Journalist:innen, die mich interviewen, wie mutig ich doch gewesen sei, den sicheren Job an den Nagel zu hängen. Doch dieser große Schritt wäre nie ohne die kleinen Schritte raus in die Ungewissheit gelungen. Schließlich glaubte ich fest an mich und an meine Möglichkeiten. Je lauter die Zweifler:innen waren, die mir davon abrieten zu kündigen, desto lauter wurde meine innere Stimme. Sie versicherte mir: Du schaffst das!

Aufgrund meiner persönlichen Erfahrung ermutige ich heute in meiner Praxis gerade junge Frauen: Vertraue auf dich, probiere aus, werde dir klar, was du willst – und dann tue es einfach. Es ist die beste Erfahrung, die du machen kannst. Auf deinem Weg – auf dem du auch scheitern wirst – lernst du unglaublich viel. Du wirst dir dann Dinge zutrauen, die du dir früher nie vorstellen konntest. Doch dieses Ausbrechen, um sich neu zu orientieren, ist für viele Menschen nicht möglich. Hier ist also die Politik gefragt, Angebote zu schaffen, die eine Neuorientierung ermöglichen. In Österreich hilft die sogenannte „Bildugnskarenz" Arbeitnehmer:innen dabei, eine Auszeit zu nehmen, um sich weiterzubilden. Doch leider ist die Bildungskarenz zum heutigen Tag ohne einen Rechtsanspruch, und hängt vom Wohlwollen deiner Führungskraft ab.

Gerade junge Akademiker:innen nutzen eine Bildungskarenz häufig, um ins Ausland zu ziehen, eine berufliche Durchschnaufpause zu machen und sich neu zu orientieren. In meinem Umfeld gehört die Bildungskarenz zu fast jeder berufllichen Laufbahn. Ich selbst habe in meiner einjährigen Bildungskarenz als juristische Referentin im Finanzministerium ein zweites Studium in England absolviert. So habe ich mir mehrere Wünsche erfüllt: Auszeit von meinem frustrierenden Arbeitsleben, Leben am Meer und ein Auslandsstudium.

THINK LIKE AN ARTIST!

„Können wir nicht einfach immer Freizeit haben? Wo alle Kunst machen und niemand arbeiten muss."

Deutschlandfunk Kultur[51]

Wie ich bereits im Kapitel über die Kreativität geschrieben habe, hilft es, in die Welt der Kunst und Kreativen einzutauchen, um sich inspirieren zu lassen. Von Künstler:innen kann jede:r lernen, mutig mit neuen Wegen zu experimentieren. Ich kann stundenlang Interviews mit Schauspieler:innen, Musiker:innen, Autor:innen oder Maler:innen lesen und hören. Ich liebe es, mit Künstler:innen über ihre Arbeit zu sprechen, weil ich bei diesen Gesprächen so viel für mein eigenes Leben lerne. Künstler:innen, die ich bewundere, eint eine Denkweise und Haltung. Diese wurden zu meiner Geheimwaffe für ein erfüllendes Arbeitsleben.

Was ist die besondere Denkweise und Haltung von Künstler:innen? Sie zeichnet aus, neugierig, mutig, kreativ zu sein. Als Kind tragen wir diese Offenheit und dieses Spielerische noch ganz natürlich in uns, doch beim Erwachsenwerden geht es uns verloren. Ich erinnere mich noch daran, dass ich als Kind neugierig und mutig war, kreativ und kritisch. Ich stellte viele Fragen, probierte mit einem natürlichen Spieltrieb neue Dinge aus und lernte für mein Leben gern. Doch in meiner Schulzeit, im Studium und beim Eintritt ins Berufsleben passierte etwas, das mir diese Leichtigkeit nahm. Ich wurde darauf konditioniert, zu funktionieren.

Die Stanford-Psychologin Carol Dweck[52] beobachtete in ihrer Forschungsarbeit eine Gruppe von Kindern, die ein Puzzle lösten. Dabei sah sie, dass die Kinder das Scheitern liebten und sich nicht entmutigen ließen. Vielmehr wuchsen sie mit den Herausforderungen und waren begeistert davon, mehr zu lernen. Das hatte sie nicht erwartet. Sie untersuchte daher, was dieses Mindset ausmacht, das Scheitern zu einem Geschenk macht.

 *Aus meiner New Work Bibliothek:*
Mindset, Carol Dweck 2017

Je älter wir werden, desto mehr verlieren wir den spielerisch-kreativen Zugang im Alltag. Nur bei manchen wird zumindest in der Freizeit noch getöpfert, gemalt, Musik gemacht, Poesie geschrieben. In der Arbeit haben wir unsere Leistung abzuliefern, professionell zu sein und den Erwartungen, wie wir sein sollen, zu entsprechen. Wir glauben fest daran, dass das nötig ist, um erfolgreich zu sein oder einen Job zu finden und zu behalten. Wir quetschen uns morgendlich in unsere vorgegebenen Uniformen, die uns Sicherheit und Einheitlichkeit vermitteln. Mit denen wir nicht auffallen. Aber so gehen gleichzeitig unsere Leichtigkeit und Lebensfreude verloren.

Die gute Nachricht ist: Wir können sie uns wieder zurückholen! Gwen Gordon[53] erforscht, wie „Playfulness" unser Wohlbefinden nachhaltig verbessert und beim Regenerieren hilft. Sie ist eine Pionierin des „transformative play" für Erwachsene. In ihrer Forschungsarbeit bezieht sie viele verschiedene Disziplinen ein: Literatur, Philosophie, Biologie und Neurowissenschaften. Bevor sie Teil einer Forschungsgruppe am MIT Media Lab wurde, designte und baute sie Puppen für die „Sesamstraße". Wie wir diese Playfulness[54] unserer Kindheit wiederfinden, können wir von Kunst und Kreativen lernen.

Für Künstler:innen ist es Teil ihrer Arbeit, mit offenen Antennen neue Entwicklungen zu erkennen, zu erforschen, zu experimentieren. Sie stellen sich bewusst ihren Ängsten und können so völlig neue Wege gehen. Sie finden in für viele unsichtbaren Mustern Zusammenhänge und ermöglichen uns so neue Blickwinkel, wenn wir uns mit ihren Werken auseinandersetzen. Kreative hören zu, beobachten und sehen aufmerksam. Der britische BBC-Kulturredakteur Will Gompertz beschreibt in seinem Ratgeber „Think like an Artist"[55], was wir von Künstler:innen lernen können. Er ist überzeugt, dass wir dadurch ein erfülltes, produktives Leben führen können. Denn Kreative erleben das Gestalten als eine sehr erfüllende Tätigkeit. Wie sie zu denken, bedeutet, neue Perspektiven zu gewinnen.

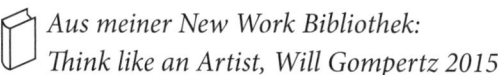 *Aus meiner New Work Bibliothek:*
Think like an Artist, Will Gompertz 2015

Für mein Forschungsprojekt „In the Studio" untersuchte ich, wie Künstler:innen in Wien arbeiten. Ich besuchte eine Musikerin, eine Malerin, ein Künstlerkollektiv, eine Medienkünstlerin und eine Kuratorin in ihren Arbeitsräumen. Dort bekam ich ganz persönliche Einblicke in ihre Arbeitsprozesse und ihr Arbeitsumfeld. Spannend zu sehen war, wie unterschiedlich ihre Arbeitsräume aussahen. Gemeinsam hatten sie, dass sie ein Arbeitsumfeld und Prozesse entwickelt hatten, die sie brauchten, um kreativ arbeiten zu können. Ich besuchte ein lebendiges Studio in einem leerstehenden Bürogebäude, ein luftiges Atelier mit Weitblick über die Stadt im Dachgeschoss eines Wiener Gemeindebaus. Ich war zu Gast in einer schicken, sauberen Altbauwohnung mit großen Bücherwänden und Videokunst am Computerbildschirm.

Für mich war das Besondere, dass die Künstler:innen in ihrer Arbeitsweise und ihrem Denken radikal sind, dass sie ihren Vorstellungen folgen. Es gibt ihnen niemand vor, wie, wo und wann sie arbeiten sollen. Sie haben sich eigene Rituale, Räume und Werkzeuge geschaffen, um produktiv zu arbeiten. Die Künstler:innen, die ich besuchte, zeichnet aus, von Grund auf neugierig, offen für neue Wege und Experimente zu sein. Sie beobachten und hören sehr genau zu. Sie hinterfragen den Status quo kritisch und beleuchten gesellschaftliche Zusammenhänge auf einer abstrakten Ebene. So verbinden sie ihre Kreativität, Talente und Persönlichkeit, um völlig Neues zu schaffen. Sie vertrauen ihrer eigenen inneren Stimme.

In den letzten Jahren habe ich durch diese Gespräche und Begegnungen mit Künstler:innen gelernt, die Kreativität meiner Jugend wieder in meine Arbeit und mein Schaffen zu integrieren. Das ging nicht von heute auf morgen, das ist ein Prozess, der Disziplin erfordert, um die eigenen Gewohnheiten abzulegen und nicht in gewohnte Muster zu verfallen. Ich arbeite immer noch daran, besser mit meinen Unsicherheiten und Ängsten umzugehen. Dieser liebevolle Umgang mit sich, dieser Zugang zur eigenen Verletzlichkeit und der offene Umgang damit ist für mich der Weg, um in unsicheren Zeiten und ständiger Veränderung gut leben zu können.

Kürzlich sah ich den TED-Talk „Give Yourself Permission to Be Creative"[56] des US-amerikanischen Schauspielers Ethan Hawke, der zusammenfasst, was wir von Künstler:innen lernen können. Er sagt, dass sich selbst auszudrücken sehr machtvoll ist und diese Kreativität sich auf verschiedene Arten zeigen kann. Hawke ruft dazu auf, Zeit zu verbringen mit dem, was wirklich wichtig für uns ist – denn unser Leben ist kurz. Kreativität ist nicht „hübsch", sie ist lebensnotwenig. Mit Kreativität können wir uns helfen sowie andere unterstützen. Dazu gehört aber, keine Angst vor dem Experiment und dem Scheitern zu haben. Nur wer neue Bücher liest, neue Musik hört und nicht dem nachläuft, was alle anderen tun, wird ein lebendiges Leben führen.

Die US-Medienkünstlerin und Autorin Jenny Odell, die an der Stanford University lehrt, beschreibt in „How to Do Nothing"[57], dass wir von Künstler:innen lernen können, bewusster zu leben, außerhalb der für uns vorgesehenen Wege. Durch das aktive Betrachten von Kunstwerken im Museum, das Hören von Musik im Konzertsaal oder das Eintauchen in fremde Lebenswelten im Kinosaal eröffnen sich uns neue Zugänge, Erfahrungen und Geschichten. Wir werden berührt und entwickeln Empathie für andere. Durch die Beschäftigung mit der Kunst und unserer Kreativität spüren wir uns und verbinden uns mit unserem Umfeld. So können wir aus dem Hamsterrad ausbrechen. Das schließt den Kreis zu dem oben beschriebenen Resonanz-Konzept des Soziologen Hartmut Rosa.

Ich besuche, so oft ich kann, Museen und Ausstellungen. In jeder Stadt, in die ich reise, habe ich ein Lieblingsmuseum. Auf meinen Learning Journeys treffe ich Künstler:innen und besuche ihre Studios. Seit vielen Jahren zieht es mich auch beruflich immer wieder in den Kulturbereich. Während meines Jus-Studiums absolvierte ich ein Volontariat im Österreichischen Kulturforum in Prag, in meiner Bildungskarenz Jahre später unterstützte ich eine innovative Galerie und Agentur für Medienkunst in Brighton, immer wieder jobbte ich in einer Ausstellungshalle für moderne Kunst und schnupperte in eine Galerie in Wien.

So habe ich von Künstler:innen gelernt, wieder kreativ zu sein, neue Wege zu gehen, Neues auszuprobieren und zu experimentieren. Ich habe wieder verlernt, Angst vor dem Scheitern und dem Fehlermachen zu haben. Heute folge ich meinem Instinkt, meiner inneren Stimme. Ich mache das, worauf ich Lust habe. Dabei vertraue ich viel stärker als noch vor ein paar Jahren auf meine Talente und meine Kreativität. Ich nehme mir selbstbewusst den Raum in der Öffentlichkeit, ohne um Erlaubnis zu fragen. Doch dieser Prozess des Umdenkens funktionierte nicht von einem Tag auf den anderen.

Ich kam ins Tun, verließ immer wieder meine Komfortzone, suchte den Austausch, teilte meine Erfahrungen. Wichtig war es für mich, ein inneres Bild, eine Vision in mir wahrzunehmen: Ich sah mich, wie ich sein wollte. Und Schritt für Schritt wurde ich so.

MEINE FÜNF LIEBLINGS-PODCASTS

99% Invisible
The Design of Business, The Business of Design
Awards Chatter
Alles gesagt?
Desert Island Discs
...
Was sind deine?
Schreibe mir: Lena@basicallyinnovative.com

ACHTSAMKEIT, PAUSEN UND SPAZIERGÄNGE

Wer eine New Work Initiative plant, der merkt bald, dass es sehr fordernd ist, neben der eigenen Arbeit noch zusätzlich Ideen zu entwickeln. Daher empfehle ich in meinen Beratungsstunden, auf das eigene Wohlbefinden und die persönlichen Belastungsgrenzen zu achten. Nur wer immer wieder in sich hineinhört und die eigenen Bedürfnisse kennt, hat die Kraft und Motivation, eine Initiative voranzutreiben, andere mitzureißen und zu überzeugen und so Schritt für Schritt die Arbeitskultur mitzugestalten. Eine hilfreiche Strategie ist es, sobald man sich erschöpft fühlt, eine kurze Auszeit zu nehmen und den Check-in zu machen. Dabei kann es helfen, einen ruhigen Ort zu suchen und folgende Fragen an sich selbst zu stellen:

Wie geht es mir? Was spüre ich? Was brauche ich jetzt? Was stört mich ganz konkret? Was kann ich ändern? Wen und was brauche ich, damit es mir besser geht?

Alles, was dir dazu einfällt, schreibe in ein Notizbuch. Dabei gibt es kein Richtig oder Falsch, keine Hierarchie oder Struktur. Im nächsten Schritt schaue dir an, wie diese Gedanken zusammenhängen, ordne sie ein. So erkenne ich persönlich mittlerweile sehr schnell, was ich tun kann, damit es mir besser geht. Durch das intuitive Schreiben kommen Gedanken, Wünsche und Lösungen an die Oberfläche, an die ich so gar nicht gedacht hatte. Das kann Teil einer täglichen Routine werden.

Diese Strategie hilft, zur Ruhe zu kommen und mit Leichtigkeit und einem spielerischen Zugang eine für sich passende Lösung zu entwickeln. Vor ein paar Jahren hat mir eine gute Coachin empfohlen, meine Gedanken aufzuschreiben. Sie gab mir als Hausübung, ein Tagebuch für meine berufliche Orientierung zu führen. Seither ist das Schreiben zu einem regelmäßigen Ritual geworden, das mir Klarheit, Ruhe und Orientierung gibt. Es hilft mir, auf mich zu vertrauen, dass ich auch große Herausforderungen lösen kann.

Wer eine New Work Initiative plant, sollte regelmäßige Pausen machen. Pausen sind notwendig, um zur Ruhe zu kommen, und nur so können neue Ideen entstehen. Das können sehr kleine Routinen sein: Ich koche mir sehr gerne zu einer bestimmten Zeit am Nachmittag einen Kaffee oder mache ein Nachmittagsschläfchen. Besonders liebe ich meinen täglichen, ausgiebigen Spaziergang. Da ich eigentlich meist im Homeoffice arbeite, benötige ich das Spazierengehen, um abzuschalten. Das Gehen hilft mir dabei, den Alltagsstress zu unterbrechen, auf neue Gedanken zu kommen und offen zu sein für Begegnungen und Gespräche. Es hilft mir zur Ruhe zu kommen. Im besten Fall lasse ich mein Smartphone zu Hause und bin dann einfach für kurze Zeit nicht erreichbar. Ein großartiges, befreiendes Gefühl übrigens. Diese Spaziergänge durch Parks, am Wasser, im Wald oder einmal um den Häuserblock gehören heute zu meiner täglichen Routine. Meist intuitiv, manchmal reserviere ich aber auch einen Zeitraum in meinem Kalender.

Auch für viele Künstler:innen ist der Spaziergang, das Gehen und das Auszeitnehmen übrigens sehr wichtig. Die US-amerikanische Essayistin Rebecca Solnit schreibt in „Wanderlust" über das Gehen als körperliches und geistiges Umherschweifen.

„Die feste Schale des Zuhauses ist nicht nur ein Schutz, eine Hülle um die Vertrautheit und Kontinuität, die draußen verloren gehen könnte, sondern auch eine Art Gefängnis. Durch die Straßen zu gehen kann eine Form von sozialer Aktivität sein, sogar eine politische Aktion, wenn wir gemeinsam gehen (…), aber es kann auch dazu dienen, Tagträume, Subjektivität und Fantasie anzuregen. (…) Es ist nie vorhersehbar, auf welche Weise Kreativität sich entfaltet, sie braucht Raum, lässt sich nicht in Zeitpläne und

Systeme pressen. Dafür gibt es kein einfaches Rezept, das man immer wieder anwenden könnte."[58]

Außerdem helfen unterschiedliche Achtsamkeitstechniken dabei, zur Ruhe zu kommen und frische Energie für die Umsetzung der New Work Initiative zu tanken. Während meines anstrengenden Studiums bin ich zum Autogenen Training und zum Yoga gekommen, die ich seither regelmäßig ausübe. Bin ich erschöpft, lege ich mich auf die Couch und mache meine Übungen aus dem Autogenen Training oder nehme mir meine Matte, um Übungen aus dem Yin Yoga zu machen. Dabei achte ich darauf, bewusst zu atmen. Yoga, Atmen und Autogenes Training helfen mir, abzuschalten, zur Ruhe zu kommen und aus dem Hamsterrad auszubrechen. Für meinen Blog habe ich vor einigen Jahren zusammengefasst:

„Beim Besuch der ersten Yin-Yoga-Stunde war mir sofort klar: Hier ist etwas anders als bei anderen Yogaklassen. Ausgestattet mit Gegenständen, Matten, Decken, Rollen und Klötzen, streben wir tiefe Entspannung an. Kein schneller Sonnengruß, kein Flow, sondern längeres Verweilen, an die 3–5 Minuten, in dehnenden Positionen. Und so wird sogar diese sanfte Yogaform richtig anstrengend. Beim Yin Yoga sollen bestimmte Meridiane aktiviert und die Faszien stimuliert werden. Das löst verklebtes Bindegewebe und entspannt sowohl Körper als auch Geist. Vor allem wird die Konzentration auf das Hier und Jetzt trainiert – das führt zu nachhaltigen Ergebnissen und Gelassenheit.

Besonders wirkungsvoll ist auch der Bodyscan: Gefühle wie Wut und Frustration werden zunächst an konkreten Körperstellen festgemacht und dann in einigen Schritten mental gelöst.

Meine Beine werden schwer. Ich bin ganz ruhig. In 15 Minuten bin ich frisch und munter. Meine Arme werden schwer. Ich bin ganz ruhig. In 15 Minuten bin ich frisch und munter. Durch das Wiederholen von kurzen, prägnanten Sätzen, die je nach gewünschtem Zustand angepasst werden können, schaffe ich es, meine Batterien aufzuladen. Autogenes Training ist eine klassische, effektive Entspannungsmethode. Die Übungen können in Kursen erlernt werden und dauern rund 2–3 Minuten." (gekürzt)

EIGENORGANISATION LEICHT GEMACHT

Diese oben vorgestellten Strategien helfen auch bei allen anderen Aufgaben im Job. Dafür müssen wir keine New Work Initiative starten. Ein gesundes Arbeiten erfordert, die eigenen Arbeitsbedingungen bewusst zu gestalten. Zu Beginn der Covid-19-Pandemie war zu beobachten, dass viele sehr darunter litten, wie sich Struktur und Halt, die ihnen der eingeübte Arbeitsalltag im Büro gegeben hatte, plötzlich in Luft auflösten. Viele wussten nicht, wie ein Arbeitsalltag für sie organisiert sein muss, um ihnen zu ermöglichen, produktiv, motiviert und zufrieden zu arbeiten. Wie kann also so ein Arbeitsalltag besser organisiert werden? Ich beschreibe es am persönlichen Beispiel:

Als Selbstständige ist es normal, eigenverantwortlich, mit flexiblen Arbeitszeiten und unterschiedlichen Teams zu arbeiten. So ist jeder Tag bei mir davon geprägt, mich immer wieder zu fragen, was ich brauche, um produktiv sein zu können, um motiviert und zufrieden zu arbeiten. Ich kann mir aussuchen, mit wem ich arbeiten will und mit wem nicht. Ich muss mir selbst überlegen, wie viel ich verdienen will, um glücklich zu sein und mich nicht zu überarbeiten. Wie oft muss ich Pausen machen, um nicht völlig erschöpft zu sein? Welche Rituale benötige ich, um eine Struktur aufzubauen, die mir Stabilität vermittelt? Ich habe daher begonnen, regelmäßig eine Standortbestimmung zu machen. Ich stelle mir konkrete Fragen, die ich ganz losgelöst von Druck und Erwartungen von außen beantworte. Da höre ich nur auf meine innere Stimme.

Von meinem Job als Angestellte kenne ich allerdings das vollkommene Gegenteil: Normal war es, acht Stunden pro Tag im Büro zu sitzen, unterbrochen von zwei bis drei Kaffeepausen, der großen Mittagspause und den oft unerträglich langen Besprechungen. Das Läuten des Frühstückswagens, das gemeinsame Mittagessen oder die Jours fixes gaben dem Tag Struktur. Über Jahre war dieser klare Ablauf mein Alltag. Im Gegensatz zu meinen Kolleg:innen forderte ich schon sehr bald, flexibler arbeiten zu dürfen. Ich verhandelte mir eine Vier-Tage-Woche aus, dann einen Tag Homeoffice und das Jahr Bildungskarenz in England.

Als ich allerdings 2017 meinen Job kündigte, war ich plötzlich ohne Büro, ohne mein Team und meine Rituale. Ich musste mir daher ein völlig neues Arbeitsumfeld, einen neuen Arbeitsalltag organisieren und achtete dabei stärker als bisher auf meine Bedürfnisse. Als eher introvertierter Mensch arbeite ich gern im Homeoffice, ohne Störungen von außen. Gleichzeitig bin ich ein sehr sozialer Mensch, das heißt, ich brauche soziale Kontakte, Gespräche und Austausch. Im Büro hatte ich meine Freundschaften, die allerdings, bis auf eine Ausnahme, plötzlich verschwanden. Ich startete gleich im Sommer nach der Kündigung meinen Blog und suchte mir dafür einen Co-Working-Space in Wien. Dort hatte ich einen Flexdesk, den ich immer nutzte, wenn ich sozialen Austausch suchte.

Sehr wichtig für die Organisation des Arbeitsalltages sind persönliche Treffen mit Menschen, um einer Vereinsamung vorzubeugen. Wöchentlich organisiere ich bewusst Termine, um hier im Austausch zu bleiben. Mittlerweile treffe ich immer wieder dieselben Bezugspersonen. Mit manchen arbeite ich an konkreten Projekten, mit anderen steht der Erfahrungsaustausch im Vordergrund. Mit der Grafikdesignerin, die meinem Unternehmen und Future Lab Basically Innovative ein neues, schönes Design verpasste, traf ich mich wöchentlich. Wir haben dafür eine neue Routine, ein Ritual geschaffen: Wir suchten uns einen gemütlichen Ort im traditionellen Wiener Kaffeehaus (manchmal war auch eine Videokonferenz dabei).

Entlang einer losen Agenda arbeiteten wir frei, kreativ, sehr konzentriert, achtsam und ohne ständige Ablenkung durch das Smartphone (meistens zumindest). Am Ende fassten wir die konkreten Ergebnisse und die offenen Fragen zusammen und wir verteilten unsere Aufgaben. Sehr wichtig war es auch, dass wir in diesem Rahmen uns ermöglichten, persönliche Themen und Herausforderungen anzusprechen. So starteten wir mit einem persönlichen Check-in: „Wie geht's dir?" Wir nehmen unsere Arbeit und unsere Bedürfnisse sehr ernst. Wir erlauben uns, auch eine verletzliche Seite zu zeigen, Ängste und Sorgen zu teilen – wir haben aber auch ganz viel Spaß, lachen viel, lassen unseren Ideen kreativ freien Lauf. Trotzdem schaffen wir es, professionell im Kontext zu bleiben. Diese persönliche Gestaltung der Zusammenarbeit kennzeichnet New Work.

Da wir beide Unternehmerinnen sind und daher nur für uns selbst verantwortlich, gibt es in unserer Zusammenarbeit keine Führungskräfte, die den Rahmen setzen. Daher sind bestimmte Regeln aufzustellen und einzuhalten. Diese haben wir in einem Dokument zusammengefasst. Wir machen zum Beispiel nur Projekte, die uns beiden Spaß machen, wir achten immer darauf, dass wir auf Augenhöhe sind und nicht einseitige Vorteile aus der Kooperation schlagen. Die Grundvoraussetzung ist Vertrauen. Vertrauen lässt sich leicht verlieren. Ich vertraue mittlerweile auf meine innere Stimme, die ein guter Indikator dafür ist, welche Kooperationen für mich gut sind.

Zwischen meiner Tätigkeit als juristische Referentin im Ministerium und der Gründung meines Unternehmens arbeitete ich für ein knappes Jahr in einem kleinen Beratungs- und Forschungsunternehmen. Wir waren ein kleines Team, das zumeist remote und nur lose zusammenarbeitete. Daher war es sehr wichtig, dass wir uns wöchentlich trafen, um uns zu sehen und uns abzustimmen. Ich schätzte die Treffen im Büro, wo wir gemeinsam Mittagessen zubereiteten. Die Grenzen zwischen Beruf und Privatem waren in diesem Arbeitsumfeld völlig anders verteilt, als ich das kannte.

Für einen Workshop für junge, kreative Gründer:innen zum Thema Burn-out-Prävention fasste ich einige der genannten Strategien und Tools so zusammen:

- *Pausen im Alltag machen, Standortbestimmung mit Fragen an sich selbst: Wo stehe ich gerade? Was brauche ich? Passen die Projekte zu mir? Was funktioniert gut/weniger gut? Welche Rituale sind notwendig? Welche Rahmenbedingungen muss ich schaffen, um gut zusammenarbeiten zu können? „Nichts tun ist okay und wichtig!"*
- *Rituale/Routinen hinterfragen und neu gestalten: Auswahl und Gestaltung des Büros: Co-Working-Space, Homeoffice; Arbeitsalltag strukturieren: über Pausen, „Stundenplan", Meetings; Sichtbarmachen der eigenen Leistung: To-do-Listen abhaken; Raum und Zeit für kreatives Arbeiten schaffen: mit Notizbüchern, Denkstunde einführen*
- *In Bewegung kommen: Raus aus dem Büro/Hamsterrad, Spaziergänge, Yoga, Wandern, was passt zu mir?*
- *Bewussten Umgang mit Social Media & Smartphone gestalten: Was ist notwendig, wann schalte ich ab, wie nutze ich es?*
- *Achtsam im Team/Projekt/Aufbau neuer Kooperationen zusammenarbeiten: Schaffung eines Safe Spaces, Klären von gemeinsamen Werten und Zielen vorab, Wahl der*

Kommunikationswege, Erreichbarkeit klären, regelmäßige persönliche Treffen, persönlicher Check-in bei Meetings (online, digital): „Wie geht's?", ist ein fortlaufender Prozess, Extrovertierte geben den Introvertierten den Raum

· *Ehrlichen Austausch über Bedürfnisse und Probleme in der eigenen Community etablieren*
· *Professionelle Hilfe bei Bedarf holen (Psycholog:innen, Coach:innen, Therapeut:innen)*

NEW WORK INITIATIVE STARTEN

Wie kann also jede:r eine New Work Initiative starten, ganz praktisch und in kleinen Schritten? Wie vorher besprochen, sind dafür ein Umdenken, eine neue Denkweise, eine Auszeit, um aus dem Hamsterrad auzubrechen und Räume für die Reflexion notwendig. Die UN Sustainable Development Goals, zu denen sich Staaten und Unternehmen verpflichtet haben, geben vor, wohin es gehen sollte: menschenwürdige Arbeit, Geschlechtergerechtigkeit, Wohlbefinden – und sind auch eine Einladung an uns alle, eine nachhaltige Transformation mitzugestalten. Der „Lazy Person's Guide to Saving the World" der United Nations Vienna[59] zeigt, was jede:r tun kann (Auszug):

„Dinge, die man am Arbeitsplatz tun kann"

· *Mentor sein für junge Menschen. Es ist ein umsichtiger, inspirierender und kraftvoller Weg, jemanden in eine bessere Zukunft zu führen.*
· *Sich informieren. Über Arbeitnehmer in anderen Ländern und Geschäftspraktiken lesen. Mit Kollegen und Kolleginnen darüber sprechen.*
· *Die Stimme gegen jegliche Art von Diskriminierung am Arbeitsplatz erheben.*

- *Das Unternehmen und die Regierung bitten, sich an Initiativen zu beteiligen, die weder den Menschen noch dem Planeten schaden.*
- *Tägliche Entscheidungen überprüfen und ändern.*
- *Die Rechte am Arbeitsplatz kennen. Die Rechte, die man hat, einzufordern, ist ein langer Weg.*

Mit derselben Idee habe ich auch meine New Work Toolbox entwickelt, die ich nun vorstellen werde. So kann jede:r Teil der sozialen Transformation der Arbeitswelt sein kann. Sie richtet sich an alle, die eine eigene New Work Initiative starten möchten. Dabei handelt es sich um meine ganz persönlichen Tools und Strategien, die mir bei meinen New Work Initiativen helfen und die ich auch in meinen Beratungsstunden vermittle und zugänglich mache. Ich nenne sie meine „Toolbox für die Praxis". Ich habe dafür viel selbst ausprobiert, angepasst und weiterentwickelt. Mir ist es wichtig, dass sie Lust macht, einfach loszustarten und es auszuprobieren.

1. STATUS-ANALYSE UND KONZEPT

Wer eine New Work Initiative starten möchte, beginnt am besten mit einer Analyse des Status-quo und schreibt dann ein klares, knappes schriftliches Konzept. Die Analyse ermöglicht die Standortbestimmung: Wo stehe ich, wo steht mein Unternehmen, wo steht mein Team, meine Abteilung gerade? So können konkrete Probleme und Handlungsfelder im eigenen Arbeitsumfeld identifiziert und benannt werden. Wichtig ist es, nicht zu groß zu denken, sondern erreichbare Ziele zu formulieren. Da es keine Standardlösungen gibt und in jeder Organisation andere Probleme vordringlich prioritär sind, ist diese sorgfältige Analyse sinnvoll. So selbstverständlich das auch klingen mag, kann ich beobachten, dass es zu selten erfolgt und gute Ideen oft wieder im Nirwana verschwinden.

Wie die Analyse erfolgt, ist jedem selbst überlassen. Ich empfehle beispielsweise, einen Check-in zu machen: Wie geht es mir gerade? Was stört mich? Was will ich ändern? Außerdem hilft es, sich mit Kolleg:innen oder Netzwerkpartner:innen auszutauschen bei einem Kaffee oder einer gemeinsamen Mittagspause. So entsteht schon ein erstes Gefühl, was die konkrete Initiative sein könnte. Dann sind Ziele für die New Work Initiative zu überlegen: Wo will ich eigentlich hin? Wie will ich das erreichen? Hier können ebenfalls Kolleg:innen, denen man vertraut, eingebunden werden.

Bei der Formulierung der Ziele hilft die SMART-Regel[60] (Akronym für Specific/Spezifisch, Measurable/Messbar, Achievable/Erreichbar, Reasonable/Angemessen, Time-bound/Terminiert), die Folgendes für die Definition von Zielen vorgibt:

Spezifisch: Das Ziel muss eindeutig definiert sein (nicht vage, sondern so präzise wie möglich).

Messbar: Das Ziel muss messbar sein (Messbarkeitskriterien).

Erreichbar: Das Ziel muss für die Person ansprechend bzw. erstrebenswert sein.

Angemessen: Das gesteckte Ziel muss möglich und realisierbar sein.

Terminiert: Das Ziel muss mit einem fixen Datum festgelegt werden können.

Die Problemdefinition aufgrund der Ergebnisse der Status-quo-Analyse und die formulierten Ziele sind der erste Teil des schriftlichen Konzepts, das die Grundlage für jede New Work Initiative sein sollte. So liegt es später schon bereit, wenn ein Gespräch mit der Führungskraft ansteht, wo die eigene New Work Initiative vorgestellt werden soll. Diese klare Aufbereitung hilft, die Idee der New Work Initiative festzuhalten, sie sichtbar zu machen und sie zu teilen, um Mitstreiter:innen zu gewinnen.

Das ausformulierte Konzeptpapier ist ein Werkzeug, das Klarheit und Transparenz bringt. Das Konzept umfasst im Hauptteil die Beschreibung der New Work Initiative und beantwortet die sieben W-Fragen: WAS, WARUM, WIE, WANN, WER, WO, WOZU. Wie die New Work Initiative im Einzelfall aussieht und somit das Konzept, wird jedes Mal sehr unterschiedlich sein. Ich rate dazu, für jede Initiative ein eigenes Konzept zu schreiben.

Als Vorbereitung des Hauptteiles des Konzeptes empfehle ich, eine Learning Journey zu machen, um Ideen für mögliche Handlungsfelder zu recherchieren. Mehr dazu gleich. Vorab zeige ich an einem persönlichen Beispiel, wie ich damals als Juristin im Ministerium meine erste New Work Initiative gestartet habe: Ich beobachtete, dass neue Kolleg:innen bei ihrer Einarbeitung oft alleine gelassen wurden. Ihnen fehlte informelles Wissen, wie Zuständigkeiten verteilt waren oder interne Prozesse funktionierten, oder der Zugang zu bestehenden Netzwerken. Praktisches Wissen wurde selten geteilt.

Gleichzeitig erkannte ich, dass ich die Aufgabe übernommen hatte, neue Kolleg:innen willkommen zu heißen, ihnen Orientierung gab und einen Überblick über nützliches Organisationswissen, das über das fachliche hinausging. Gerade zu Beginn eines neuen Jobs wünschen sich viele ein Gegenüber, das sie willkommen heißt. Also die soziale, persönliche Seite neben dem Einarbeiten in die inhaltlichen Agenden. So hat sich in meinem Kopf die Idee entwickelt, dass ich einen strukturierten Onboarding-Prozess für neue Mitarbeiter:innen konzipieren und ausprobieren wollte. Ich erfuhr von meiner Mutter, dass in anderen Organisationen solche Prozesse üblich waren.

Also überlegte ich mir: Wie könnte das bei uns aussehen? Ich wollte einen Onboarding-Prozess für meine Sektion entwerfen und meiner Führungskraft vorstellen. Ich schrieb das Konzept mit Problemdefinition, Ziel und beschrieb die New Work Initiative nach den W-Fragen. Das Papier stellte ich meiner Chefin vor, und es fand Anklang. Umgesetzt wurde die Idee dann nicht. Vermutlich weniger, weil die Initiative schlecht war, sondern weil es einfach nicht in meinen klar definierten Aufgabenbereich fiel.

2. LEARNING JOURNEYS

Wer Ideen sucht für die eigene New Work Initiative, kann eine Learning Journey machen. Denn so können spielerisch und intuitiv Konzepte und Praxisbeispiele gefunden werden, um so frische, inhaltliche Inspiration und konkrete Ideen für die eigene New Work Initiative zu bekommen. Learning Journeys sind ein Tool, das ich sehr gerne für meine Forschung und meine Beratungspraxis einsetze. So kann ich intuitiv neue Orte erforschen, dem Spürsinn folgen und überraschende Begegnungen machen. Der US-amerikanische Psychologe Daniel M. Cable beschreibt in seinem Buch „Alive at work"[61], dass wir als Menschen nicht für Routine und Wiederholung geboren sind, sondern danach streben, zu erforschen, zu experimentieren und zu lernen. Aber so, wie Organisationen heute funktionieren, unterbinden sie dieses Verlangen. Das Problem ist nur, dass wird diese Möglichkeiten benötigen, um motiviert und zufrieden zu sein.

Ich liebe meine Learning Journeys für mich selbst, aber entwickle sie auch für Unternehmen und Einzelpersonen. Jede:r kann jederzeit eine eigene Learning Journey entwickeln und machen. Auf den von mir konzipierten Learning Journeys werden spannende Best Practices, Unternehmen, Schulen, Co-Working-Spaces, Museen und Ausstellungen oder Universitäten besucht. Die Teilnehmer:innen lade ich ein, sich mit mir ganz offen und neugierig auf eine Entdeckungsreise zu begeben. Sie werden so selbst zu Forscher:innen, die aus dem Hamsterrad ausbrechen, um Neues zu entdecken. Learning Journeys ermöglichen eine Abwechslung im engen Arbeitsalltag, helfen dabei, die starren Denkmuster zu durchbrechen und Zugang zur eigenen Kreativität zu finden. Sie fördern Neugierde und den Mut, neue Wege zu gehen. Die Teilnehmer:innen lernen dadurch, ihre festgefahrenen Vorstellungen und Rollen abzulegen.

Bei der Vorbereitung der Learning Journeys, die ich für andere entwickle, achte ich darauf, dass sich die Teilnehmer:innen wohlfühlen. Es ist aber immer wichtig, auch wenn wir die Learning Journey nur für uns selbst planen, einen geschützten Raum zu schaffen. Daher sind die Bedingungen vorab genau festzulegen, um in diesem abgegrenzten Rahmen völlig intuitiv mit der eigenen Spürnase Neues zu entdecken. So sind Dauer, Ort und Ziele festgelegt, offen bleibt nur, was und wie entdeckt wird. Passend finde ich dazu den Begriff „Serendipity", also ein Glücksfall, der aus einer Zufallsentdeckung kommt. Auch wenn ich mich manchmal sehr spontan dazu entscheide, für mich selbst eine Learning Journey zu machen, achte ich darauf, dass der Rahmen festgelegt und klar ist. Höre oder lese ich zum Beispiel von einem spannenden Arbeitsort, einem neuen Arbeitskonzept oder einer inspirierenden Ausstellung passend zu meinem aktuellen Thema, dann organisiere ich gleich meinen Besuch. Die Learning Journeys helfen mir persönlich, bewusst durchs Leben zu gehen, meine Neugierde am Leben zu erhalten, mich und mein Umfeld wahrzunehmen. Dazu gehören auch immer ehrliche und schöne

Begegnungen mit Menschen, die ich zufällig unterwegs treffe. Diesen Austausch genieße ich besonders und erinnere mich noch lange daran. Da spüre ich dann immer: Jetzt habe ich wertvolle Zeit gewonnen.

Mit einem Beispiel möchte ich zeigen, wie so eine Learning Journey in der Praxis aussehen kann. Im Jänner 2020 (kurz vor Ausbruch der Covid-19-Pandemie) machte ich meine Learning Journey nach Kopenhagen. Mein Ziel war es, die nordische Arbeitskultur vor Ort kennenzulernen. Ich wollte dänische Unternehmen und Co-Working-Spaces besuchen, beobachten, neue Ideen finden und schöne Gespräche führen. Kopenhagen ist für mich eine Stadt, die ich wegen dem Design, dem Essen und der Lebens- und Arbeitskultur spannend finde. Ich wollte Dänemark besuchen, da viel von der nordischen Arbeitskultur geschwärmt wird. Dänemark gilt zum Beispiel als Land der Work-Life-Balance.

Innerhalb von drei Wochen wollte ich mir ansehen, was wir von der nordischen Arbeitskultur lernen können. Diese Reise organisierte ich mit Unterstützung der österreichischen Wirtschaftskammer, die mir einen Arbeitsplatz in einem hippen Co-Working-Space organisierte. Dieses Büro wurde dann meine Andockstation, wo ich ungezwungen viele interessante Gespräche führte, genau beobachten konnte, wie Däninnen und Dänen arbeiteten, und auch zur Ruhe kam, um das Gelernte zu verarbeiten und zu reflektieren. Wie bei jeder meiner Learning Journeys dokumentierte ich meine Erfahrungen und Erkenntnisse, die auch in dieses Buch eingeflossen sind. Ich schrieb auf, was ich beobachtete, was ich mochte, was ich interessant und besonders fand. Auch Ideen, die ich selbst umsetzen wollte, notierte ich. Meine Ergebnisse teilte ich später auf meinem Blog und über Social Media.

„In Kopenhagen habe ich keine Angst, Fehler zu machen."
„Wir können nur Erfolg haben, wenn wir es zusammen machen!"

Der Co-Working-Space, der mir vermittelt wurde, hatte eine interessante Geschichte. Er befand sich in einem ehemaligen Gerichtsgebäude. Es war sehr ruhig dort, alle arbeiteten konzentriert und geplaudert wurde kaum. Ich lernte eine Frau Mitte 20 kennen, die im Büro eines dänischen Start-ups arbeitete. Die gebürtige Österreicherin erzählte mir, wie sie das Arbeiten hier in Kopenhagen im Unterschied zu daheim erlebte. Sie meinte, dass sie lieber in Dänemark als in Österreich arbeitete.

So ähnlich hörte ich das in den drei Wochen auch von anderen jungen Menschen, die bestens ausgebildet in Kopenhagen studieren, arbeiten und leben. Sie kamen ursprünglich aus Deutschland, aus der Schweiz oder Österreich und blieben dann, wollen auch oft nicht mehr zurück. Meine Gesprächspartner:innen schwärmten insbesondere von dem Vertrauen, der entspannten Fehlerkultur und der Offenheit, unbekannte Wege zu gehen. Sie hatten daher keine Scheu, neue Dinge auszuprobieren. Auch die junge Frau aus Österreich meinte: „Hier habe ich keine Angst, Fehler zu machen." Wenn Fehler passierten, sagte die Führungskraft: „So ist es halt, mach dir keine Gedanken."

Spannend fand ich auch zu hören, dass Führungskräfte in Dänemark offenbar mehr Freiräume geben, ihre Mitarbeiter:innen nicht kontrollieren und frei arbeiten lassen. Die Chef:innen fragen eher: Was brauchst du, um gut arbeiten zu können? Anstatt Ein- und Ausstempeln gibt es viel Vertrauen. Sehr oft hörte ich in diesen Wochen in Kopenhagen das Wort „Vertrauen". Ein österreichischer Forscher der Universität in Kopenhagen berichtete mir davon, dass Besucher:innen aus dem Ausland es bemerkenswert fänden, wenn die Bürotüren nicht verschlossen würden.

Es gibt ein Grundvertrauen, das nicht nur in der Arbeitswelt sichtbar ist.

Ich sprach auch mit unterschiedlichen Führungskräften, wie dem Geschäftsführer eines Start-ups. Über sein Rollenverständnis als Führungskraft sagte er: „Ich hole mir Menschen ins Team, die in ihrem Bereich besser sind als ich." Im Headquarter eines Technologiekonzerns erzählte mir die deutsche Personalmanagerin, dass in Dänemark ein anderes Verständnis von Führung erlebbar sei. So fragt auch mal der Vorstand bei den Mitarbeiter:innen nach Feedback. Neue Kolleg:innen bekommen einen Buddy, um sich besser und schneller einzugewöhnen. In einem anderen großen Unternehmen erzählte mir der Teamleiter und Innovationsmanager, dass es hier die Rolle einer gute Führungskraft sei, den Mitarbeiter:innen zu ermöglichen, gut zu arbeiten und ihre Aufgaben selbstverantwortlich auszuführen. Er fragt sein Team regelmäßig: Wie kann ich mithelfen? Sein Rollenverständnis ist, zu inspirieren und auf Augenhöhe zu unterstützen. Als Entertainer hat er für gute Laune zu sorgen, organisiert ein gemeinsames Eisessen oder ein Teamevent, um Menschen über Teams und Abteilungen hinweg zusammenzubringen. „Wir können nur Erfolg haben, wenn wir es zusammen machen!", zeigte er sich überzeugt.

Museen und Kulturinstitutionen sind fixer Bestandteil jeder meiner persönlichen Learning Journeys. In der Königlichen Bibliothek in Kopenhagen besuchte ich eine Installation der Performancekünstlerin Marina Abramović. Ich erinnere mich noch immer gerne an das spannende Experiment: In einer kleinen Gruppe von Besucher:innen wurden wir ersucht, unsere Schuhe auszuziehen, Smartphones und Uhren abzugeben und uns für die Zeit der Installation von der Außenwelt abzuschirmen. Dann wanderten wir einzeln durch den stillen Raum, in dem beeindruckende Bücher aus der Bibliothek ausgestellt waren, die die Künstlerin ausgewählt hatte. Die untypische Innenarchitektur förderte ein Gefühl der Auszeit aus dem Hamsterrad. Der Raum war leicht abgedunkelt, die Sitzmöbel praktisch und nicht sehr bequem, es herrschte absolute Ruhe. In dieser kurzen Zeit kam es mir vor, als wäre die Zeit stehen geblieben.

Learning Journeys können aber auch ganz anders aussehen. Aufgrund der Pandemie entwickelte ich im Frühjahr 2021 eine virtuelle Learning Journey im Auftrag eines Telekomkonzerns für Vorstände, Geschäftsführer:innen und Personalmanager:innen. Das Ziel war, dass sich die Teilnehmer:innen über ihre New Work Initiativen in der Zeit der Pandemie austauschen, um voneinander zu lernen und neue Ideen zu bekommen. Die Learning Journey wurde online im Rahmen einer Videokonferenz durchgeführt. Nach einem Impuls von mir als Expertin stellten die teilnehmenden Manager:innen ihre Erfahrungen und Fallbeispiele vor und gaben ehrliche Einblicke hinter die Kulissen. Die drei Erkenntnisse dieser New Work Learning Journey waren:

1. *Hybrides Arbeiten ist gekommen, um zu bleiben: Büros sind zentral für die emotionale Bindung,*
2. *Well-being (digital, psychisch, physisch) der Mitarbeiter:innen steht im Vordergrund,*
3. *Interne Kommunikation ist zu adaptieren und auszubauen.*

Es gibt also verschiedene Möglichkeiten, wie eine Learning Journey aussehen kann. Egal ob für sich alleine, für das Team, für die ganze Organisation: Dieses Tool bietet die Möglichkeit, eine völlig neue Fehlerkultur und mehr Kreativität zu fördern. Im Gegensatz zu den als nächstes Tool vorgestellten New Work Labs können Learning Journeys auch alleine gemacht werden. Es geht um das Unterwegssein, das Reisen als Weg, aus dem Hamsterrad auszubrechen. New Work Labs finden an einem fixen Ort statt.

Beide Tools dienen dazu, neue Ideen zu finden, mit ihnen zu experimentieren und die Ergebnisse für die eigene New Work Initiative zu nutzen, auch um Best Practices in dem schriftlichen Konzept als Referenzen anzuführen.

3. NEW WORK LABS

Um die eigene Idee für eine New Work Initiative weiterzuentwickeln und Mitstreiter:innen zu finden, helfen die New Work Labs. Das ist mein Tool, mit dem jeder öde Termin, jedes zähe Meeting und jede langweilige Konferenz Spaß macht. Ich zeige es an einem Beispiel: Als ich im Juni 2022 zu einem Zukunftskongress für Banken in Wien, den ich bereits erwähnt habe, eingeladen wurde, machte ich wie aus allen meinen Meetings, Events, Aufträgen und Terminen ein New Work Lab daraus. Normalerweise (so wurde es mir vor Ort erzählt) teilen die Teilnehmer:innen bei Kongressen selten ihre persönlichen Erfahrungen, da dafür ein Raum notwendig ist, in dem man sich öffnen möchte. Das gilt tatsächlich nicht nur für introvertierte, sensible Menschen, wie ich beobachten konnte, sondern genauso für selbstbewusste Menschen, die sich normalerweise als Erstes melden.

Wie lässt sich in so einem Umfeld, in dem Networking mit viel Selbstdarstellung im Mittelpunkt steht, ein echter Austausch schaffen? Es beginnt mit der Einladung und der Moderation, deren Aufgabe es ist, den Rahmen zu stecken. Darüber hinaus ist bei der Vorbereitung auch auf die Gruppengröße zu achten – je größer, je unpersönlicher, desto schwieriger, diesen sicheren Rahmen zu schaffen, in dem sich alle wohlfühlen. Während des Labs achte ich darauf, einzelne Teilnehmer:innen, die so wirken, als wollen sie etwas sagen, ganz konkret in die Diskussion einzuladen, und zwar genau jene, die sich nicht von selbst melden – und das sind oft Frauen. Da ich in meinen Vorträgen und

Moderationen immer auch meine persönlichen Erfahrungen teile, tun sich andere viel leichter, das Gleiche zu tun. Ich regte bei dem Panel auch an, Vorurteile und Paradigmen zu hinterfragen („weniger Arbeiten geht nicht", „die Jugend ist faul") und voneinander zu lernen.

So wurde durch die Gestaltung eines sicheren Raumes Platz geschaffen für Diskussion, neue Ideen und persönliche Erfahrungen. Ein weiterer Erfolgsfaktor bei New Work Labs ist, auf eine möglichst große Vielfalt zu achten. In dem konkreten Beispiel des Zukunftskongresses für Banken war es besonders schön zu beobachten, wie das Thema New Work 50 % Frauen, 50 % Männer, von Millennials bis Babyboomer dazu bewegt hatte teilzunehmen (sie hatten die Wahl zwischen drei verschiedenen Panels zu unterschiedlichen Themen) und im Laufe der 50 Minuten miteinander zu diskutieren. Für mich sind New Work Labs sehr gute Werkzeuge, um die Menschen dort abzuholen, wo sie stehen, und einen Erfahrungsaustausch zu fördern. Diese Veranstaltung zeigte: Das Thema New Work verbindet einfach, jede:r kann und will mitdiskutieren.

Ein weiteres Beispiel eines New Work Labs aus meiner Praxis ist die Online-Veranstaltung einer österreichischen Regionalbank. Deren Frauennetzwerk hatte mich dazu eingeladen, als Vortragende meine Expertise zu teilen. Wie sehr oft, wurde ich von einer jungen Visionärin vorgeschlagen. Sie hatte ein Interview mit mir in einem Wirtschaftsmagazin gelesen. Die Fragestellung der Veranstaltung war, kurz zusammengefasst: Was müssen wir als Regionalbank machen, um eine attraktive Arbeitgeberin für die junge Generation zu sein und so Mitarbeiter:innen zu gewinnen und zu halten? In dem für mich bei jedem meiner Aufträge, Vorträge und Workshops obligatorischen Vorgespräch regte ich an, ein New Work Lab daraus zu machen, in dem die Teilnehmer:innen aus verschiedenen Bereichen ihre Erfahrungen teilen konnten.

Die HR-Verantwortliche, meine Ansprechperson, moderierte und hatte im Vorfeld die Teilnehmer:innen dazu eingeladen, ihre Erfolgsgeschichten, Ideen und Erfahrungen vorzustellen. So entstand etwas Zauberhaftes, das ich immer bei meinen New Work Labs beobachten kann: Die Teilnehmer:innen begannen stolz zu erzählen, strahlten und berichteten, dass sie schon neue Wege gegangen waren, die sie mit ihren Kolleg:innen teilen wollten. Dieser Prozess bei New Work Labs ist dann eben kein Selbstmarketing, sondern eine ehrliche Begegnung und ein Austausch auf Augenhöhe – und darum geht es bei meinem Konzept der New Work Labs.

Ich unterrichte auch, wie New Work Labs funktionieren, damit die Unternehmen diese selbst oder mit meiner Unterstützung umsetzen können. So ermutige ich dazu immer dazu, aus den geplanten Vorträgen oder Fragerunden ein New Work Lab zu machen, wo verschiedene Perspektiven in den Firmen geteilt und besprochen werden. Dabei rate ich ihnen, Expert:innen und Impulsgeber:innen von außen zu holen und ganz bewusst darauf zu achten, nicht Speaker:innen einzuladen, die ihr Standardrepertoir abspulen.

Ich empfehle hier eine Mischung von Expert:innen aus Praxis und Forschung, Vorreiter:innen aus anderen Unternehmen und Kreativschaffenden. Gefragt sind Impulsgeber:innen, die bereit sind, auf die Gegebenheiten des Betriebes und die Menschen mit Mitgefühl und Fürsorge einzugehen, die die Teilnehmer:innen partizipativ einbinden und die Kreativität jeder und jedes Einzelnen fördern. Trockenes Wissen vermittelt zu bekommen, verändert noch nichts. Aber das Wissen bewusst, spielerisch und kreativ zu nutzen und zu überlegen: Was hat das Gehörte eigentlich mit mir zu tun? – das ist der Schlüssel für eine echte Veränderung.

Die New Work Labs können auch ein Weg sein, die Führungsetage auf neue Ideen und Erfahrungen aufmerksam zu machen, sie einzubinden und ihre Unterstützung zu gewinnen. Das Arbeiten auf Augenhöhe, also über Hierarchieebenen und Abteilungsgrenzen hinweg, ist bei New Work Labs ganz bewusst vorgesehen. New Work Labs bieten Visionärinnen einen geschützten Raum, wo sie ihre Ideen, Perspektiven und ihr Engagement einbringen können und sich dadurch ernst genommen und gehört fühlen. Außerdem werden durch den ehrlichen Austausch die Barrieren und Vorurteile zwischen den Generationen abgebaut. So werden persönliche Geschichten, Erfahrungen und Perspektiven sichtbar, die sonst nie in den Veränderungsprozessen in Unternehmen wahrgenommen werden.

Das Vertrauen, das den Teilnehmer:innen entgegengebracht wird, bestärkt diese darin, sich selbst sein zu dürfen, ohne Fassade. Introvertierte und Extrovertierte gleichermaßen können sich einbringen und voneinander lernen. Jedes New Work Lab kann anders gestaltet sein, das Programm hängt von den vorgegebenen Zielen und Themenstellungen ab. Denkbar sind Vorträge, Diskussionen, kreative Workshops oder Sparring mit Visionärinnen innerhalb und außerhalb der Organisation, mit denen es im Arbeitsalltag kaum Überschneidungen gibt.

Bei der Konzeption von New Work Labs empfehle ich, darauf zu achten, dass sich deren Dauer und Termine mit der täglichen Arbeit vereinbaren lassen, also die Teilnahme und aktive Partizipation von der Führungsetage bewusst eingeräumt und belohnt wird. Alle Teilnehmer:innen können etwa ein Reservoir an Stunden bekommen, um sich hier aktiv in die Mitgestaltung einer neuen Arbeitskultur einzubringen. New Work Labs müssen aber immer freiwillig sein, sonst geht das Konzept nicht auf. Nur wer sich einbringen will, soll die Möglichkeit bekommen, wer nicht, sollte nicht gezwungen werden. Wichtig ist es, gemeinsam klare

Regeln bei der Vorbereitung zu vereinbaren, die von allen einzuhalten sind. Dabei denke ich an Pausen, Diskussionsregeln und wie mit Konflikten umzugehen ist.

In diesem Format muss auch niemand Angst haben, Fehler zu machen, denn es geht genau darum, diesen Raum für Experiment und Lernen zu schaffen. So ermöglichen die Labs auch, eine neue Fehlerkultur zu etablieren und einen besseren Umgang mit Fehlern und dem Scheitern zu erlernen. Besonders die Einbindung von Kreativschaffenden aus Design, Handwerk, Architektur, Theater oder Musik in New Work Labs ermöglicht einen kreativen, experimentellen Zugang: „Think outside the Box", mit Mut und Neugierde experimentieren, Ängste und den Druck, funktionieren zu müssen, abbauen und dadurch neue Ideen entwickeln und Schritt für Schritt umsetzen.

In New Work Labs können Teilnehmer:innen ihre Kreativität und Begeisterungsfähigkeit wieder erwecken, spielerisch und intuitiv ihrer Spürnase und ihrem Instinkt nachgehen und so ganz neue Lernerfahrungen sammeln. Damit wird in Unternehmen die oft eingeforderte Innovationskultur ehrlich und nachhaltig etabliert – und es bleibt keine fade Worthülse.

Gleichzeitig wird hier ein Raum geschaffen, in dem es möglich ist, aus dem Hamsterrad auszubrechen und zur Ruhe zu kommen, sich zu spüren und durchzuatmen. Wohlbefinden steht hier ganz oben auf der Agenda, eine fürsorgliche, mitfühlende Atmosphäre lässt die Teilnehmer:innen die verkrusteten Erwartungen und Rollenbilder leichter ablegen. Eine Herausforderung bei der Gestaltung dieses Umfeldes ist es, auch jene abzuholen, die sich nicht darauf einlassen können, die noch sehr verhaftet sind in ihren kritischen Gedanken oder vielleicht überhaupt nur stören wollen. Gelingt der Versuch nicht, sie einzubinden, kann es notwendig sein, dass die Moderation das persönliche Gespräch mit dieser Person sucht und fragt, ob sie sich anders einbringen kann oder gar nicht dabei sein möchte. New Work Labs funktionieren nur, wenn die Teilnehmer:innen sich darauf einlassen. Natürlich sind wertschätzendes Feedback und Anregungen immer gefragt und sogar notwendig, damit das New Work Lab für alle erfolgreich wird. Eine der vereinbarten Regeln sollte auch sein, die Smartphones abzuschalten und nicht parallel andere Meetings oder Verpflichtungen zu haben. Nur so kann ein Raum für eine ehrliche Begegnung entstehen, in dem Geschichten erzählt werden, mit viel Fürsorge und Empathie.

Die Idee für die New Work Labs hatte ich vor ein paar Jahren, nachdem ich viele Events, Workshops und Meetings hinter mir hatte, die mich ermüdeten und langweilten. Nicht ohne Grund hassen manche Leute „Networking" und „Workshops", obwohl es eigentlich sehr erfüllend sein kann, neue Menschen zu treffen und sich ehrlich über Erfahrungen auszutauschen. Das erste New Work Lab, das ich dann entwickelte und umsetzte, war Ende Jänner 2020 (vor Ausbruch der Pandemie) der „Salon – Lernen von der skandinavischen Arbeitskultur" für mein Netzwerk in einem Co-Working-Space in Wien.

Ich benannte dieses New Work Lab nach den Salons der Jahrhundertwende in Wien, da sie mich als Idee von schönen Orten der Begegnung und des Austausches faszinierten. Besonders begeisterte mich der Gedanke daran, völlig unterschiedliche Menschen aus unterschiedlichen Kontexten, mit unterschiedlichen Geschlechtern, Berufen, Alter und Herkünften, also aus unterschiedlichen Welten zusammenzubringen, um den Austausch zu fördern. Ich wollte damit auch einen Raum schaffen, in dem Erfahrungen und Geschichten geteilt werden und dadurch gemeinsam ganz neue Ansätze entstehen können.

Mein Salon bot einen geschützten Rahmen, um sich zu informieren, zu reflektieren, sich auszutauschen und Gedanken zu verknüpfen. Aus meinem Netzwerk lud ich eine vielfältige Gruppe ein: Personal- und Digitalisierungs-Expert:innen aus der Bankenwelt, der Industrie- und der Energiebranche, eine engagierte AHS-Lehrerin, Berater:innen und Gründer:innen, Kreativschaffende aus Mode und Architektur, Co-Working-Betreiber:innen, Interessensvertreter:innen und Journalist:innen. Es waren Eltern darunter und Singles, aus Österreich, England, Deutschland, der Slowakei und den Niederlanden, von Millennials bis Babyboomer, Männer und Frauen.

Das Programm war vielfältig, und mein Vortrag über meine Learning Journey und die Erforschung der nordischen Arbeitskultur in Kopenhagen im Jänner 2020 bildete den Startpunkt. Anschließend verkuppelte ich im bewusst schönen, entspannten Rahmen mit Musik und leckerem Essen die Teilnehmer:innen zu Paaren und achtete darauf, Menschen ins Gespräch zu bringen, die sonst kaum Berührungspunkte in Alltag und Beruf haben. Ihr Auftrag war, in den kleinen Gruppen über den Vortrag zu diskutieren, eigene Erfahrungen zu teilen und so zu gemeinsamen Ideen zu kommen. Dabei konnte ich beobachten, dass auch die Introvertierten diese Möglichkeit als Plattform nutzten und sich schließlich in der großen Abschlussrunde mit dem Mikrofon ihren Raum nahmen. Ich war sehr glücklich, da ich einen geschützten Raum geschaffen hatte, in dem alle Stimmen gehört wurden. Mein Ziel war also erreicht. Da das Feedback sehr positiv und die Ergebnisse faszinierend ausfielen, war meine neue Idee geboren, dieses Pilotprojekt als Konzept des New Work Lab in die Welt zu bringen und möglichst vielen Menschen und Unternehmen zugänglich zu machen.

Nach Ausbruch der Covid-19-Pandemie musste ich das Konzept weiterentwickeln und initiierte spontan und neugierig eine kleinere Form der New Work Labs, um auf die veränderten Rahmenbedingungen (keine großen Menschenansammlungen) zu reagieren. Ich nannte sie nun „New Work Love"-Meet-ups. Da es nicht möglich war, aufwendige Veranstaltungen zu planen, entwickelte ich dieses Pop-up-Event. Die Idee dazu hatte ich aus Kopenhagen mitgebracht, wo ich hörte, dass ein ausländischer Botschafter die Bürger:innen zu einer Begegnungsstunde einlud, um ins persönliche Gespräch zu kommen und so von seiner Arbeit zu erzählen. Ich startete also diese neue Reihe von New Work Labs in einem Wiener Café und lud wieder mein Netzwerk ein – dieses Mal mit einem Fokus auf junge Frauen, die sich für New Work begeisterten und sich austauschen wollten. In der lebendigen, offenen Atmosphäre teilten sie ihre persönlichen Erfahrungen in der Arbeitswelt, von Diskriminierungserfahrungen bis zu Tipps für die Arbeit im Homeoffice.

Wenige Monate später (noch in der Pandemie) adaptiere ich das New Work Lab ein weiteres Mal und setzte es in Kooperation mit einem Co-Working-Space in Wien um. Als externe Expertin lud ich Antje ein, die Mitgründerin eines Bootcamps für berufliche Umsteiger:innen, die als Programmierer:innen arbeiten und sich umschulen lassen möchten. Die Teilnehmer:innen stammten aus unterschiedlichen Arbeitskulturen (Russland, Österreich, Deutschland). Nach unserem Gespräch öffnete ich wieder den Raum und holte die Gruppe in die Diskussion, alle teilten ihre persönlichen Erfahrungen. Die Ergebnisse des Abends dokumentierte ich wieder auf meinem Blog:

„New Work ist für die Unternehmerin Antje, nicht nur aus persönlichen Gründen, ein wichtiges Thema. Denn durch ihre Arbeit lernt sie Menschen kennen, die aus ihren Arbeitsverhältnissen ausbrechen und einen beruflichen Neustart versuchen wollen. ‚Was bei uns im Bootcamp passiert, ist vor allem psychologisch besonders

interessant. Es gibt verschiedene Gründe, warum Menschen sich bei uns anmelden.' So sind viele unzufrieden und suchen einen Beruf, der am Arbeitsmarkt gefragt ist und viel Flexibilität ermöglicht. Antje ist es besonders wichtig, den Kursteilnehmer:innen aufzuzeigen, dass es okay ist, Fehler zu machen, und wie bedeutsam es ist, die eigenen Skills zu erkennen und diese als Stärke zu sehen: ‚Nachfragen ist okay, du kannst googeln und was nachschlagen, du musst nicht immer alles wissen.'

Müssen wir jetzt alle Programmieren lernen? Sie ist überzeugt, dass das nicht erforderlich ist. Vielmehr sollten wir verstehen, wie diese Technologien funktionieren, was dahintersteht. So ist es für Antje auch keine Magie, jede und jeder kann Programmieren lernen.

Mentoring spielt bei Antje wie bei mir eine wichtige Rolle. Antje und ich lernten uns beim Kick-off von WoMentor kennen. Als Mentorin in ihrem Bootcamp ist Antje stets engagiert, ihre Teilnehmer:innen durch Höhen und Tiefen zu begleiten. Das größte Erfolgserlebnis ist es für Antje, wenn diese anschließend an das Bootcamp eine Stelle finden.

Für das Bootcamp melden sich viele Frauen an, mutige Menschen aus ganz unterschiedlichen Berufs- und Altersgruppen – dem Stereotyp ‚nerdiger, männlicher Programmierer' wird so entgegengewirkt. Für Antje ist das Thema Diversität gerade in technischen Berufen sehr wichtig. Sie ist überzeugt, dass Unternehmer:innen erkennen müssen, dass es viel mehr ist als ein Trend, sondern eine Notwendigkeit für Unternehmen, die erfolgreiche digitale Produkte auf den Markt bringen wollen."

Einer der Teilnehmer fasste dieses New Work Lab so zusammen:

„Ein magischer Abend, ohne Magie zu benötigen. Von der ersten Minute an wurde über individuelle Erfahrungen aus der Arbeitswelt gesprochen, und trotzdem hatte jede Erfahrung in ihrer

Aussage etwas gesellschaftlich Relevantes für mich. So wurde der Abend von einer durchgehend spannenden Diskussion vorangetrieben, die Lena mit der nötigen Leichtigkeit moderierte. Neben den inspirierenden Insights von Interviewpartnerin Antje gab es für mich viel Platz zur Selbstreflexion und zum Erfahrungsaustausch untereinander, was sich jede/r Einzelne von der zukünftigen Arbeitswelt erwartet bzw. erhofft. Kurz und knapp, ich bin beim nächsten Mal gerne wieder dabei."

Diese New Work Labs sind das Kernprodukt meines Unternehmens und Future Labs Basically Innovative, das ich an Firmen als Unternehmensberaterin verkaufe. Ich biete dabei ihre Entwicklung, Konzeption und Umsetzung an, samt Wissensvermittlung im Rahmen von Vorträgen und Workshops mit Moderation.

4. STORYTELLING

Ein weiteres wichtiges Tool, um New Work mit einer eigenen Initiative voranzutreiben, ist das Storytelling. Im Gegensatz zu langweiligen Berichten sollte das neu gewonnene Wissen in Form von Geschichten geteilt werden. Nachdem viele neue Ideen gefunden und konkrete Ansätze entwickelt und getestet wurden, können so auch Mitstreiter:innen von der eigenen Idee begeistert werden. Dafür eignet sich das Storytelling über die interne Kommunikation von Unternehmen sehr gut. So werden die eigenen Initiativen sichtbar. Ich rate auch bei meinen Beratungen, Initiativen über die interne Kommunikation vorzustellen, sich so Gehör zu verschaffen, gleichgesinnte Mitstreiter:innen zu finden und zu gewinnen. Für die Marketingabteilungen der Unternehmen sind diese Geschichten auch sehr spannend, weil sie sich damit nach außen als attraktive Arbeitgeber:innen präsentieren können. Im Sinne von: Schaut her, in unserem Unternehmen können die Mitarbeiter:innen mitgestalten und sich entfalten, sie werden gehört und ernst genommen Das Tolle daran ist auch, dass dadurch Employer Branding eben nicht an der Oberfläche bleibt.

Bis vor wenigen Jahren hatte ich ein Mobiltelefon zum SMS-Schreiben und Telefonieren. Doch seit einiger Zeit nutze ich es auch, um meine Geschichten und meine Erfahrungen in der Arbeitswelt zu teilen. Über den Blog, über Social Media und über digitale Communitys konnte ich so andere Visionärinnen finden und mich mit ihnen vernetzen. Wir können heute von überall und jederzeit unsere Geschichten teilen. Das Smartphone wurde für mich somit ein Instrument für mein Empowerment. Es ermöglichte mir den Zugang zu einer zu mir passenden Öffentlichkeit, ohne um Erlaubnis zu fragen oder davon abhängig zu sein, dass mich ein Medium publiziert.

Meine New Work Labs und Learning Journeys werden daher auch immer von einer lebendigen Kommunikation über verschiedene Kanäle begleitet. Ich erzähle auf meinem Blog, über die über Social Media, im Newsletter, aber auch in Interviews und Gastkommentaren von den Geschichten, die ich auf meinen Learning Journeys und in meinen New Work Labs erlebe und höre. Ein so komplexes Thema, das in den Medien oft sehr trocken in der Rubrik Wirtschaft und Arbeitsmarkt behandelt wird, braucht die persönlichen Geschichten. Über sie können wir uns identifizieren, uns besser spüren und so vernetzen. Für eine nachhaltige Transformation ist das absolut notwendig. Aber auch in den Unternehmen sind die Initiator:innen von Veranstaltungen, Kongressen und Meetings gefragt, die Ergebnisse zu sammeln, zu dokumentieren und in eine Geschichte zu verpacken, um sie mit den Kolleg:innen und Führungsetagen zu teilen. Über Storytelling als Marketinginstrument in Unternehmen wird viel geschrieben und gesprochen. Aber über das Geschichtenerzählen als Tool für die nachhaltige Transformation der Arbeitskultur ist aus meiner Beobachtung zu wenig zu hören.

Von Bobette Buster[62] habe ich gelernt, wie Storytelling helfen kann, ein Umdenken in den Köpfen des Publikums zu bewirken. Für sie sind Geschichten wie ein Feuer, das wir tragen und weiterreichen können. Sie besitzen die Macht, uns zu verbinden. Das Erzählen kann auch dabei helfen, dass wir uns ein besseres Leben vorstellen können. Geschichten machen uns Mut und helfen dabei, Zusammenhänge besser zu verstehen. So rät Bobette Buster u. a. zu folgenden zwei Dingen für ein gutes Storytelling:

1. Sei verletzlich
2. Bringe dich selbst ein

Mit dem Erzählen unserer Geschichten teilen wir uns mit und bauen eine Community auf – so werden New Work und eine Arbeitskultur auf Augenhöhe zum Leben erweckt. Ich kann aus meiner eigenen Erfahrung sagen, dass ich ohne Storytelling und Kommunikation über meine Forschungsprojekte, New Work Labs und Learning Journeys nie so viel Sichtbarkeit und Einfluss bekommen hätte. Denn Social Media, wenn wir sie kritisch und aufmerksam nutzen, können sehr mächtig sein. Wir bekommen so mit geringen Mitteln eine laute Stimme, die nicht überhört und übersehen werden kann. Früher musste man noch die klassischen Wege gehen, heute eröffnest du einen Account oder eine Website und hast plötzlich Zugang zur Welt.

In meinem ersten Blogartikel aus dem Jahr 2017 formulierte ich schon klar, wohin ich wollte. Der Titel des Artikels: „Tanzende Roboter in Wien. Der Beginn meiner Reise in die Zukunft der Arbeit":

„Süß schaut er irgendwie aus, wie ein Tier oder gar ein Baby, und alle wollen ihn angreifen und echt lustig ist er: Pepper Robot, der angeblich fortschrittlichste humanoide Roboter der Welt. Pepper kann Kundinnen und Gäste begrüßen, beim Verkauf unterstützen, Produkte empfehlen oder mit Scherzen und Tanzeinlagen unterhalten. Und so tanzt Pepper bei der Eröffnung der Wiener Biennale für Architektur, Design und Kunst durch die Hallen des MAK. Eigentlich ist Pepper der Star dieser Eröffnung.

Aber diese niedliche Erscheinung macht mir eines klar: Die Zukunft ist da. Wir hören zwar tagtäglich von der Digitalisierung unserer Welt und den damit einhergehenden Veränderungen am Arbeitsplatz; die meisten der heute bestehenden Jobs soll es künftig aufgrund von Digitalisierung, Robotisierung und Automatisierung nicht mehr geben.

Über die Frage, wie wir künftig selbst leben und arbeiten wollen, denken die meisten jedoch leider nicht nach. So stellt sich doch die Frage: Was passiert, wenn Roboter und Computer unsere Jobs übernehmen? Massenarbeitslosigkeit, genug neue Jobs oder doch einfach mehr Freizeit und Möglichkeiten zur Selbstentfaltung in einem neuen System?

Diese Fragen rumorten in meinem Kopf … ich begann zu recherchieren und meine Ergebnisse in einer Annäherung an das Thema der nächsten Jahre und Jahrzehnte aufzuzeichnen.

Bereits vor über 80 Jahren sagte der britische Ökonom John Maynard Keynes voraus, dass es in der Zukunft hohe Arbeitslosigkeit geben wird, ‚due to our discovery of means of economising the use of labour outrunning the pace at which we can find new uses for labour‘ (…).

Heute belegen wirtschaftswissenschaftliche Studien, dass im Jahre 2030 die Hälfte aller heute bestehenden Arbeitsplätze aufgrund von Automatisierung und Digitalisierung nicht mehr existieren werden. Es gibt gar Zukunftsforscherinnen, die argumentieren, in der zukünftigen Arbeitswelt würden wir vier oder mehr Jobs benötigen, um finanziell abgesichert zu sein (…).

Dagegen argumentiert der deutsche Zukunftsforscher Matthias Horx, Gründer des Zukunftsinstituts. In seinen ‚Fünf Thesen zur Zukunft der Arbeit' verweist Horx darauf, dass die Befürchtung, es werde nicht genug Arbeit für alle geben, kein neues Phänomen ist. Er schreibt: ‚In zyklischen Abständen geht im Reich der Arbeitsdebatte das Gespenst der radikalen Verknappung um.' Allerdings, so Horx, erzeuge jeder Technologieschub ‚eine Rekursion, eine Komplexitäts-Kaskade, die zu gesteigerten Nachfragen und ganz neuen Bedürfnissen führt'.

Es werde daher immer genug Arbeit geben. Weiters spricht er von Transformationsprozessen, die den Organismus der Arbeit tief verändert haben und weiter beeinflussen werden. So beispielsweise Flexicurity, die Entwicklung hin zu flexiblen, mobilen Erwerbsformen und flachen Hierarchien, wobei Sicherheit mit Mobilität kombiniert wird. Auch verweist der deutsche Zukunftsforscher auf den Megatrend Gender Shift, wodurch auch für Männer flexible Arbeitsmodelle abseits der klassischen Acht-Stunden-Woche entstehen.

Bei der Veranstaltung ‚Zukunft jetzt #1: Die Zukunft der Arbeit' im Depot (1070 Wien) wurde ich auf die spannende Diskussion rund um das umstrittene Modell des bedingungslosen Grundeinkommens aufmerksam. Philip Kovce, ein junger deutscher Philosoph und Ökonom aus Berlin, aktiv im Think-Tank Club of Rome und leidenschaftlicher Verfechter des bedingungslosen Grundeinkommens, war Podiumsteilnehmer. In seinem ‚Manifest zum Grundeinkommen' (…) stellt er die Frage: Was würdest du arbeiten, wenn für dein Einkommen gesorgt wäre? Für ihn ist das bedingungslose Grundeinkommen ein neues Grundrecht. ‚Es wird in existenzsichernder Höhe, von der Wiege bis zur Bahre, ohne Arbeitspflicht und Bedürftigkeitsprüfung jedem Einzelnen gewährt. Es ist kein zusätzliches, sondern ein grundsätzliches Einkommen.'

Kovce und sein Mitautor Daniel Häni streichen folgende Schlüsselfragen des Grundeinkommens heraus: Was will ich eigentlich tun? Wie will ich tätig sein? Und für wen? Außerdem halten die beiden Autoren fest: ,Arbeit ist nicht bloß Erwerbsarbeit. Arbeit ist nicht bloß das, was bezahlt wird. Arbeit ist nicht bloß das, was der Arbeitsmarkt oder die Arbeitsämter diktieren. Arbeit ist die Tätigkeit – das, was ich tue, wenn ich etwas tue. Arbeit ist das, was ich für andere und mit anderen gemeinsam bewege. Arbeit ist Identifikation und Sinnstiftung.'

Tatsächlich interessierten sich vor einigen Jahren lediglich wenige wissenschaftliche Außenseiter für dieses Thema; nun ist die Debatte in der breiten Öffentlichkeit angekommen. In der Schweiz wurde darüber abgestimmt, in Finnland wird es gerade in einem großen Versuch getestet. (Scheinbar) überraschend stark propagiert wird es von Unternehmen des Silicon Valleys wie Facebook – offenbar aus Kalkül. Es wird befürchtet, dass durch das Verschwinden von Arbeitsplätzen die Armut steigen könnte und sie Kundinnen verlieren würden (…).

Im Juni wurde nun die heurige Biennale für Architektur, Design und Kunst in Wien eröffnet und auch hier wird das spannende Thema der Zukunft der Arbeit, der Robotisierung verhandelt. In den Ausstellungen mit Titeln wie ,Hello Robot', ,Artifical Tears', ,How will we work?', ,Work it, Feel it' wird deutlich, dass hier nicht einfach Innovationen im Bereich der Digitalisierung vorgestellt werden, sondern ein kritischer Blick auf diese Entwicklungen ermöglicht und eine Diskussion angestoßen wird.

Die Zukunft der Arbeit ist ein Thema, das uns als Generation Millennials besonders betrifft. Die Zukunft ist näher, als wir denken; auch wenn es den wenigsten so bewusst ist, tragen wir ständig kleine Roboter herum: Unsere Smartphones haben zwar keine humanoiden Züge wie Pepper, doch sind sie mittlerweile eine nicht *unwesentliche Verlängerung unserer Arme sowie eine Erweiterung unseres Hirns geworden.*

Den von uns jetzt angestrebten Traumjob gibt es in 30 Jahren vielleicht gar nicht mehr, da ihn ein Roboter oder Computer übernommen hat. Vielleicht schaffen wir es künftig, Arbeit mit ‚Sinnstiftung und Identifikation‘ (…) zu verbinden; vielleicht können wir in der Zukunft nur mehr arbeiten, was uns gefällt, da Roboter und Computer die ungeliebten Aufgaben übernehmen und wir in einem neuen Wirtschaftsmodell finanziell abgesichert sind. Neue Ideen und Perspektiven sind gefragt – vielleicht kann ich mit BASICALLY INNOVATIVE etwas dazu beitragen.“[63]

5. COACHING UND MENTORING

Wer sich dazu entschieden hat, die erste eigene New Work Initiative zu starten, wird schnell an seine Grenzen stoßen und sich überfordert fühlen. Da kann es helfen, sich Unterstützung in Form von Coaching und/oder Mentoring zu holen. Diese Methoden helfen beim Gehen der ersten Schritte, aber auch, wenn wir schon mehrere New Work Initiativen umgesetzt haben. War Coaching früher den Führungskräften vorbehalten, nehmen es heute auch immer mehr Mitarbeiter:innen in Anspruch, insbesondere Visionärinnen.

Gerne erzähle ich, wie mir meine Coach:innen geholfen haben, meinen eigenen Weg zu finden, um mein Arbeitsleben so zu gestalten, dass es mein Wohlbefinden fördert. Für mich ist es bis heute ganz wichtig, regelmäßig Gespräche mit meinen Coach:innen zu führen. Sie helfen mir, eine andere Perspektive einzunehmen und neue Strategien und Werkzeuge zu entwickeln. Oft erlebe ich, dass viele sich nicht trauen, Coaching in Anspruch zu nehmen, und keine Erfahrung damit haben. Ich lerne immer wieder Menschen kennen, die mir sagen: Das brauche ich nicht, ich mache das mit mir selbst aus. Doch eine professionelle Unterstützung, gerade in Krisenzeiten, ist unersetzbar.

Wichtig ist dabei, die richtige Wahl zu treffen. Höre dich nach Empfehlungen um. Nach den ersten Sitzungen frage dich: Wie geht es dir nach den Stunden? Fühlst du dich besser, hast du mehr Klarheit? Professionelle Coach:innen haben viel Erfahrung und sind sich ihrer Verantwortung bewusst. Sie suchen gezielt jene Methoden aus, die für die Person und die Situation passen. Gute Coach:innen haben mir immer sehr dabei geholfen, den Status-quo zu reflektieren, meine Bedürfnisse zu erkennen und zu benennen und konkrete Lösungen selbst zu entwickeln.

Jede:r kann nur für sich selbst die richtigen Beratung finden. Denn arbeitest du mit der falschen Person, fühlst du dich nach jeder Stunde überfordert. Daher sollte man genau recherchieren: Welche Schwerpunkte, Erfahrung, Ausbildung und welchen Lebenslauf hat der/die Coach:in? Auch wenn ich oft gefragt werde, wen ich empfehlen würde, bin ich sehr vorsichtig damit, da man für sich persönlich entscheiden muss, wer einem helfen kann. Neben Professionalität sind Vertrauen und Sympathie wichtige Faktoren für eine erfolgreiche Coaching-Beziehung.

MENTORING

Ich beobachte, dass sich immer mehr Frauen in meinem Umfeld eine:n Mentor:in für ihre berufliche Entwicklung wünschen. Manche haben das Glück, eine Führungskraft oder jemanden im privaten Umfeld zu haben, der oder die sich als Mentor:in versteht. Warum Mentoring? Da gibt es unterschiedliche Gründe, etwa um eine Begleitung zu haben für die berufliche und persönliche Orientierung, für konstruktives Feedback, für ein offenes Ohr.

Mentoring kann in vielen Formen gelebt werden, wie zum Beispiel als Cross Mentoring, ein Modell, das ich in der Bundesverwaltung kennenlernte und das Vernetzungstreffen mit Kolleg:innen unterschiedlicher Organisationseinheiten und Hierarchiestufen umfasst. Ein anderes Modell ist das Reverse Mentoring, bei dem erfahrene Kolleg:innen vom jungen Nachwuchs lernen. Mentoring wird oft in Organisationen eingesetzt, um Frauen zu fördern. Es soll dabei helfen, die notwendigen Netzwerke zu bilden, die bei Männern offenbar so ganz selbstverständlich entstehen. Ich habe selbst vielfältige Erfahrungen mit Mentoring gemacht und dabei viel über mich und andere gelernt.

Als frisch gebackene Berufsanfängerin wurde ich für ein Cross-Mentoring-Programm, das Frauen in ihrer beruflichen Karriere fördern sollte, vorgeschlagen. Ich hatte noch nicht einmal den fixen Arbeitsvertrag, aber konnte an diesem bundesweiten Programm teilnehmen. Ich bewarb mich gezielt bei einer Verwaltungsjuristin, die ich sehr bewunderte. Bei unseren Treffen lernte ich sehr viel über mich und über die Strukturen und Herausforderungen aus der Perspektive einer leitenden Führungskraft im Bundesdienst. Der Austausch fand immer auf Augenhöhe statt. Wir trafen uns außerhalb unserer Büros in Wiener Kaffeehäusern, da wir so ungestört waren und die Atmosphäre die Kommunikation förderte.

Ich denke auch noch gerne daran zurück, als ich selbst eine junge Kollegin begleiten konnte, ihren Weg zu gehen. Bei gemeinsamen Mittagessen und Kaffeepausen erzählte sie mir, was sie gerade plagte oder was sie vorhatte, und sie fragte mich nach Rat und meiner Erfahrung. Auch ich hatte in der Anfangsphase meiner Selbstständigkeit zwei Mentoren, die ich ab und zu auf einen Kaffee traf.

Als ich meine Unternehmensgründung vorbereitete, nutzte ich ein Mentoring-Programm, das sich an Frauen richtete, die eine erfolgreiche Karriere als Führungskraft anstrebten. Hier lernte ich von einer erfolgreichen Journalistin und Medienmanagerin, wie ich mich erfolgreich als Expertin in der Öffentlichkeit präsentiere. Die Treffen in ihrem Büro waren ebenfalls immer auf Augenhöhe, ich bekam Rat und Feedback zu meinen Ideen.

Wenn ich Menschen berate, die eine New Work Initiative starten, eine Führungsrolle übernehmen oder erst in den Arbeitsmarkt eintreten, werde ich oft gefragt, wo und wie sie eine:n Mentor:in finden. Es gibt sicher viele verschiedene Wege, aber diese schlage ich in meiner Praxis vor:

1. Nimm an einem Mentoring-Programm des Unternehmens teil, für das du arbeitest (bei den größeren Organisationen). Frage dazu in der Personalabteilung nach den Möglichkeiten und Anmeldeformalitäten. Gibt es das noch nicht, schlage es dort vor.

2. Nimm an einem Mentoring-Programm eines unabhängigen Vereins teil. Dafür recherchiere Netzwerke und Organisationen, die sich an zukünftige Führungskräfte und Gründer:innen richten. In größeren Städten bieten immer mehr Regionalverwaltungen solche Mentoring-Programme an. Aber auch Start-up-Netzwerke haben ihre eigenen Programme.

3. Suche dir im beruflichen oder privaten Umfeld eine Person aus, die dich inspiriert. Frage, ob sie sich auf einen Kaffee oder ein Mittagessen treffen mag.

4. Frage eine:n Kolleg:in, ob ihr ein Buddy-Tandem gründen wollt. Auch Kolleg:innen aus unterschiedlichen Abteilungen und Bereichen können füreinander Mentor:innen sein.

Der Unterschied zwischen von Vereinen und Firmen organisierten Mentoring-Programmen ist, dass es bei Ersteren eine Vereinbarung gibt mit zeitlichen Vorgaben. Außerhalb dieser Programme gibt es nur den Wunsch nach einem Austausch und dem Weitergeben von Erfahrungen. Für eine erfolgreiche Mentoring-Beziehung ist es grundlegend, Vertrauen aufzubauen und sich in einer gewissen Regelmäßigkeit zu treffen. Auch eine Beziehung auf Augenhöhe ist wichtig, denn sonst kann auch einiges schiefgehen. Fehlt es an transparenten Zielen, Zeit, Wertschätzung oder einfach an Sympathie, dann bleibt jedes Treffen an der Oberfläche und hat einen schalen Beigeschmack. Daher ist es gerade bei der Konzeption und Vorbereitung von Mentoring-Programmen so wichtig, darauf zu achten, diese Augenhöhe zu ermöglichen und keine „Ich erkläre dir mal die Welt, du Dummerchen"-Mentalität zu fördern.

Beim Mentoring können immer beide Seiten voneinander lernen. Innerhalb eines Unternehmens bringt die Mentorin Erfahrung, Verständnis für Strukturen und inhaltliche Zusammenhänge in die Mentoring-Beziehung ein. Sie wiederum profitiert davon, von der anderen Seite neue Blickwinkel zu erhalten und blinde Flecken zu erkennen. Sie erhält Feedback und erlernt neue digitale Kompetenzen. Mein Verständnis von Mentoring unterscheidet es von Coaching, da es weniger professionalisiert und strukturiert ist. Als Mentor:in brauchst du keine Ausbildung und keine Selbsterfahrung, sondern nur die Offenheit, wertschätzend und interessiert am Austausch mit anderen Menschen Erfahrungen zu teilen.

In einem Blogartikel fasste ich zusammen, was Mentoring sein und wie es die größte Wirkung entfalten kann:

„1. Begegnet euch auf Augenhöhe! Beide Seiten können voneinander lernen, voneinander profitieren.
2. Schafft einen Safe Space mit Vertrauen! Damit ihr ehrlich sein könnt. Nur das ermöglicht echte Veränderung.
3. Bleibt dankbar und realistisch. Anerkennt die Grenzen des Möglichen."

SO GELINGT EURE NEW WORK INITIATIVE

Ich rate somit allen, die eine New Work Initiative starten: Notiert euch die Ergebnisse eurer Check-ins, Analysen, Recherchen, Learning Journeys und New Work Labs und teilt sie. Verpackt euer Wissen in schriftliche Konzepte und vermittelt sie in Form von Geschichten, um aktiv Bewusstsein zu schaffen und aufzuzeigen, was ihr initiiert habt. Es geht dabei um eine Vermarktung eurer Erfolge, aber nicht nur zu eurem eigenen Vorteil, sondern ihr tragt so zum allgemeinen Kulturwandel bei. Ihr werdet dadurch sichtbar und könnt die Transformation mit mehr Kraft vorantreiben. Denn so erreicht ihr andere in eurem Unternehmen oder in anderen Unternehmen, mit denen ihr euch zusammenschließen und gemeinsam für eure Überzeugungen und Bedürfnisse einsetzen könnt. Nur so werdet ihr auch gehört und gesehen. Nutzt die Macht der Kommunikation für eure Zwecke! Und holt euch Unterstützung aus eurem Umfeld, von Expert:innen, Coach:innen und Mentor:innen.

Zusammenfassend: Meine Strategien, Tools und Methoden helfen, dass die eigene New Work Initiative ein Erfolg wird. Eines können sie jedoch nicht: selbst losstarten und die Ideen realisieren. Denn unsere Zukunft müssen wir selbst in die Hand nehmen. Dafür müssen wir ins Tun kommen, viele Ideen entwickeln, experimentieren und scheitern, alles verwerfen, dazulernen und neu starten. Der Austausch untereinander und die Unterstützung durch professionelle Berater:innen und Expert:innen helfen dabei, dass aus einem kleinen Samen eine wunderschöne Pflanze wächst. Und eines ist sicher: Wer wagt, gewinnt.

8.

BLICK IN DIE ZUKUNFT

„ES GENÜGT NICHT, SICH AUFZUREGEN,
WIE UNGERECHT DIE WELT IST."

STÉPHANE HESSEL[64]

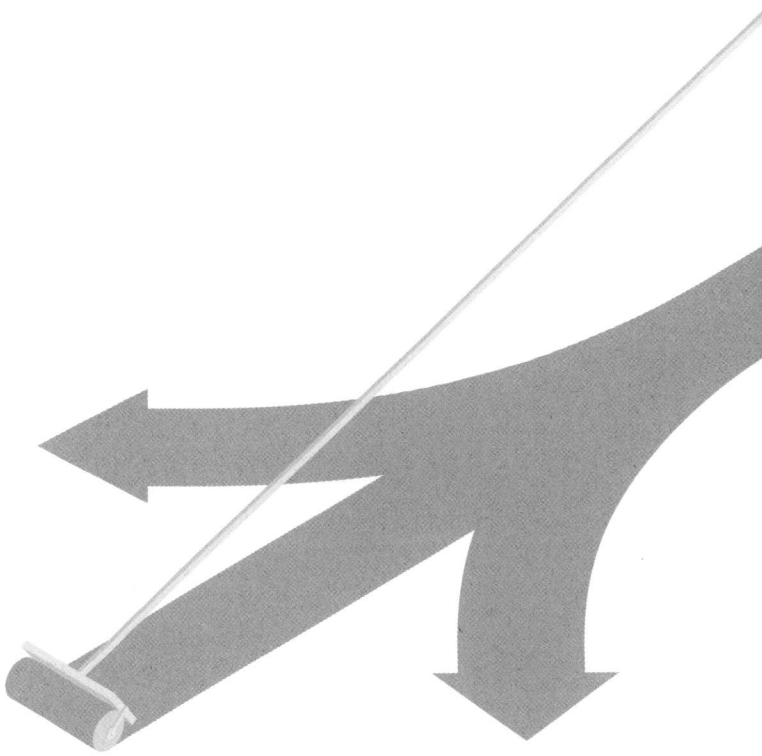

In diesem Kapitel möchte ich einen Blick in die Zukunft wagen und dabei zwei Themenfelder aufgreifen, die eng mit den im Buch behandelten Fragen verbunden sind. Es ist einerseits die Frage, wie wir New Work und den Klimawandel zusammendenken können. Andererseits soll es um die Absicherung und die Rahmenbedingungen der wachsenden Gruppe von Gründer:innen und Selbstständigen gehen, die sich von traditionellen Arbeitgeber:innen verabschieden. Denn sie wollen sich selbst die Arbeit schaffen, die sie sich wünschen – und leben so oft prekär. Dafür braucht es neue Antworten.

FÜRSORGE FÜR UNSERE UMWELT

Wie können wir den Klimawandel und die Zukunft der Arbeit zusammendenken? Diese Frage stellte mir ein Bekannter vor einigen Jahren, und sie begleitet mich seither. Bei mir persönlich spielt der Klimawandel vor allem über mein Konsumverhalten eine Rolle. Ich versuche, selten zu fliegen, ich habe kein Auto, ich esse nicht jeden Tag Fleisch, ich achte auf meine Heizkosten, kaufe gern Vintage ein und achte bei den Lebensmitteln darauf, woher sie kommen. Bisher beschäftigte mich der Zusammenhang zwischen Klimakrise und Arbeit beruflich und professionell nur am Rande. Mein Anknüpfungspunkt zu dem Thema ist, dass Unternehmen, die Green Jobs anbieten, dringend nach Mitarbeiter:innen suchen.

Ein aktueller Anlass: Im Mai 2022 wurde ich vom österreichischen Klimafonds des Bundes eingeladen, im Rahmen des Europäischen Forums Alpbach eine Diskussion zu leiten zur Frage: „Wie können Mitarbeiter:innen für Green Jobs gewonnen werden?" Diese Branche nimmt durch den Klimawandel und die getroffenen politischen Lenkungsmaßnahmen kontinuierlich an Bedeutung zu und hat somit einen steigenden Bedarf an Arbeitskräften. Die öffentliche Diskussion dazu steckt noch in den Kinderschuhen. Trotzdem ist klar, es gibt keine Alternative: Klima und Arbeit müssen zusammengedacht werden.

Ein anderer Zugang zu diesem Thema ist, dass klassische Unternehmen durchaus wahrnehmen, wie die junge Generation Nachhaltigkeit einfordert. Sie wählt sich jene Arbeitgeber:innen aus, wo es faire Arbeitsbedingungen gibt und der Klimaschutz ehrlich gelebt wird. Gleichzeitig verpflichten die Sustainable Development Goals der United Nations und die damit verbundenen rechtlichen Vorgaben die Unternehmen dazu, Klimaschutz und Nachhaltigkeit ernst zu nehmen. Die Gefahr des Greenwashing ist dennoch sehr groß. Aber Umweltbewusstsein rein zu Marketingzwecken hat ausgedient.

Nicht nur über Social Media üben Kund:innen Druck auf die Unternehmen aus. Kein Unternehmen kann es sich in Zukunft leisten, nicht in ehrliche Maßnahmen zu investieren, wenn Mitarbeiter:innen gewonnen und gehalten werden wollen. Denn die Fridays-for-Future-Generation spürt längst, dass die Klimakrise radikale Auswirkungen auf ihre zukünftige Lebensqualität hat. Entscheidungsträger:innen müssen hier nachziehen und sich auf eine Diskussion auf Augenhöhe einlassen. Dafür gehen die jungen Menschen auf die Straße und demonstrieren für schnelles Handeln. Die Zeit wird nämlich knapp. In meinem Expertinnenartikel für das UN Global Compact Netzwerk Deutschland, „Millennials und die Zukunft der Arbeit" (2018)[65], schrieb ich:

„Eigentlich völlig klar, dass sich diese Entwicklung auch im Arbeitsleben niederschlägt. Dauerhaft ist der Job in einem ‚herzlosen' corporate nicht zu ertragen, wenn sich das restliche Leben doch nachhaltig gestalten soll – nein, das passt wohl nicht zusammen. Es sieht so aus, als gebe es ein Problem: Einerseits sind Unternehmen auf der Suche nach den Besten meiner Generation, suchen

motivierte, bestausgebildete Mitarbeiterinnen. Wir haben studiert, zahlreiche unbezahlte (internationale) Praktika absolviert, und jetzt wollen wir einen Job, der neben finanzieller Sicherheit und flexiblen Arbeitszeiten auch Selbstentfaltung und eine sinnvolle Tätigkeit bietet, die zu unserem nachhaltigen Lebensstil passt."

Die Positionierung als nachhaltige, attraktive Arbeitgeber:innen (Employer Branding) ist wichtig, um sich sichtbar zu machen und Mitarbeiter:innen zu finden. Doch Nachhaltigkeit in allen Facetten – ob ökologisch, sozial oder ökonomisch – erfordert, nicht an der Oberfläche zu bleiben, das Thema inhaltlich ernst zu nehmen, Budgets zur Verfügung zu stellen und die Mitarbeiter:innen strategisch und sinnvoll bei der Formulierung der Strategie und der Auswahl der Maßnahmen einzubinden. Klar ist, wer sich nur sexy Schlagwörter auf die Website schreibt und sie nicht lebt, wird ein böses Erwachen erleben. Junge Menschen haben diesen angesprochenen „Bullshit-Sensor", den Arbeitgeber:innen heute noch unterschätzen. Wenn die neuen Mitarbeiter:innen am ersten Tag im neuen Job gleich erkennen, dass sie geblendet wurden, sind sie nach dem Probemonat weg und ziehen verärgert weiter. Sie werden so bestimmt keine positiven Botschafter:innen des Unternehmens, und eine schöngefärbte Bewertung auf einer der digitalen Plattformen wird auch nicht helfen.

Unternehmen wird sehr bald schmerzvoll klar werden, dass nicht mehr die Zeit ist für schöne Worte. Wer will schon in einem Umfeld arbeiten, in dem Fairness, Gesundheit und Umweltschutz nicht gelebt werden. Sondern wo vielleicht sogar darüber diskutiert wird, wie man noch mehr Profit auf Kosten der Menschen und des Planeten herausschlagen kann. Unternehmen, die attraktive Arbeitgeber:innen sein wollen, müssen soziale und ökologische Themen ernst nehmen und Stellung beziehen. Wer jetzt nicht handelt, vergibt eine wichtige Chance, und es kann sein, dass Unternehmen dadurch ihre Wettbewerbsfähigkeit für die Zukunft einbüßen.

Ich möchte zum Schluss noch von meinem schönen Austausch im persönlichen Gespräch mit Christoph Thun-Hohenstein, dem Gründer der Vienna Biennale for Change (und ehemaligen Direktor des Wiener Museums für angewandte Kunst) erzählen. In der Vorbereitung für mein Buch las ich seinen Artikel „Gemeinsam die Klima-Moderne gestalten" im Jahrbuch zu den Alpbacher Technologiegesprächen 2021[66]. Seine Überlegungen knüpfen nahtlos an mein New Work Konzept an, nur ist sein Zugang, wie die Zukunft fairer und nachhaltiger gestaltet werden kann, nicht auf die Arbeitswelt fokussiert. Für ihn ist der Klimaschutz der Ausgangspunkt für ein breites Umdenken. Er tritt für eine Klima-Moderne ein, die unsere digitale Moderne ablöst, denn die digitalen Innovationen werden uns nichts bringen, wenn die Klimakrise nicht bewältigt wird. Es gehe nicht um digitale Innovationen um jeden Preis, sondern um die Sicherung unserer Lebensqualität.

Doch wie schaffen wir diese nachhaltige Transformation in der Arbeitswelt? Dafür sind viele verschiedene Hebel zu drücken und Anstrengungen notwendig. Auch Thun-Hohenstein verweist auf die 17 Nachhaltigkeitsziele der United Nations, die allerdings erst dann zum Leben erweckt werden, wenn es über Fakten hinausgeht.

Für eine nachhaltige Transformation benötigen wir als Gesellschaft ein „Zukunftsmindset". Kunst und Kreativschaffende helfen uns, dieses zu entwickeln und zu verbreiten. Denn „die Künste können uns unmittelbar berühren. Wir brauchen Visionen und Utopien, die uns neue Welten öffnen, ebenso wie die düsteren Erkenntnisse von Dystopien, aus denen wir lernen können", so Thun-Hohenstein. Er stößt hier die Diskussion über die Kreislaufwirtschaft (Circular Economy) an, die bereits punktuell umgesetzt wird und ein großes Potential bietet als alternativer Weg.

Das zweite Thema, das ich in Zukunft vertiefen möchte, ist die rechtliche, soziale Absicherung und die politische Vertretung von Gründer:innen und Selbstständigen. Das ist eine Frage, die derzeit noch viel zu wenig Aufmerksamkeit bekommt, aber immer mehr Menschen betrifft, wie die Zahlen zeigen: Im Jahr 2004 waren 35,2 % der Gründer:innen Frauen, 2021 schon 45,1 %.[67] Der Trend geht steil nach oben, wie ich auch in meinem Umfeld wahrnehme. Immer mehr Arbeitnehmer:innen überlegen, ihr eigenes Unternehmen zu gründen. Darunter sehr viele Visionärinnen, die endlich so arbeiten wollen, wie sie sich das vorstellen.

DIE ZUKUNFT DER ARBEIT: ALLE SELBSTSTÄNDIG?

Auch wenn es von außen nicht so wirken mag: Eine Gründerin zu sein, ist harte Arbeit, erfordert viel Zeit und persönliches Engagement. In meinem Berufsalltag erlebe ich wie so viele Gründer:innen vollkommen andere Herausforderungen als noch als Angestellte mit unbefristetem Vertrag, sozial abgesichert und mit fixem monatlichen Gehalt. Viele wählen dieses Leben als Selbstständige bewusst, andere finden einfach keinen anderen Job. Klar ist, dass diese Art zu arbeiten nicht für alle Menschen passt. Sehr viel Eigenverantwortung, Engagement und Mut sind gefragt, um wirtschaftlich zu überleben. Das führt bei vielen zu körperlicher und psychischer Überforderung. Auch der soziale Aspekt ist nicht zu übersehen.

Als Selbstständige:r bist du plötzlich alleine, auf dich gestellt. Wir sind wie kleine Satelliten, die sich erst zu einem neuen Sonnensystem zusammenschließen müssen. Das führt bei vielen zu Vereinsamung, sie fühlen sich alleine und nicht unterstützt. Denn wer plötzlich sein eigenes Unternehmen hat, hat nicht automatisch Bürofreundschaften oder eine Kaffeepause mit

Kolleg:innen. Vielmehr sind deine Bekannten manchmal plötzlich Konkurrent:innen. Schnell schlagen da Solidarität und Unterstützung in Neid und Missgunst um.

Das große Problem dabei ist, dass die rechtlichen Rahmenbedingungen nicht zur Realität und zum Alltag der Gründer:innen und Selbstständigen passen. Sie sind keine Großindustriellen, aber werden in den Köpfen mancher in denselben Topf geworfen. Daher muss die aktuelle Ausgangslage mit den Betroffenen gemeinsam analysiert werden, es müssen neue Ideen gesammelt und dann politisch und schließlich rechtlich umgesetzt werden. Der breite gesellschaftliche Diskurs dazu fehlt noch. Immer mehr Menschen, darunter viele Frauen, sind betroffen von prekärer Selbstständigkeit ohne soziale, rechtliche und finanzielle Absicherung.

Auch die Politik und die Interessensvertretungen stellen sich nur langsam auf diese veränderte Realität ein. Ihre Zielgruppen wandeln sich plötzlich, aber die Strukturen und die Denkweise kommen da noch nicht mit. Dazu tausche ich mich mit Mitstreiter:innen aus, die den Diskurs mit mir vorantreiben und hier Bewusstsein schaffen, und recherchiere neue Ansätze. Man kann sagen, dieses Problem wurde meine nächste eigene New Work Initiative. So bin ich bei meiner ersten Schreibtisch-Recherche auf zwei Genossenschaften aufmerksam geworden, die Gründer:innen und Selbstständigen auf unterschiedliche Art und Weise soziale, rechtliche und finanzielle bieten wollen: die Smart Coop[68] und die HausWirtschaft[69] in Wien.

Die HausWirtschaft in Wien bietet einen Arbeitsort, der Arbeiten und Wohnen neu denkt. Es ist mehr ein Co-Working-Space, aber jedenfalls eine Alternative zum einsamen Homeoffice. Bei der Entwicklung des Projekts wurde eine zentrale Frage gestellt: Welche Räume und Arbeitsmittel brauche ich für mich persönlich und was können wir teilen? Die Idee dahinter ist, dass sich durch das Teilen jede:r mehr leisten kann. Anders als beim Homeoffice sind Wohnraum und Arbeitsbereiche getrennt, sodass die Abgrenzung leichter möglich ist.

Auch die Smart Coop ist als Genossenschaft organisiert. Die Idee kommt aus Belgien und hat sich heute in vielen europäischen Ländern etabliert. Smart bietet Selbstständigen aus Kunst und Kultur eine sozialrechtliche Absicherung und wird zur Arbeitgeberin ihrer Mitglieder. Die Genossenschaft setzt sich für die Verbesserungen der Arbeitsbedingungen ein und ermöglicht eine Anstellung für alle, die mit prekären Beschäftigungsverhältnissen kämpfen. Sie übernimmt außerdem administrative Aufgaben. Das Spannende an dieser Genossenschaft ist, dass sie die Mitglieder aus der Vereinzelung holen will und gleichzeitig den Zugang zum staatlichen Sozialsystem und einem regelmäßigen Einkommen ermöglicht.

9.

MEIN PLÄDOYER

„ES IST ZEIT, EIN FÜR ALLE MAL DIE TÜR
HINTER DIESER ÄRA ZUZUSCHLAGEN. UND
EINE ANDERE TÜR ZU ÖFFNEN, UM DIE
GLEICHHEIT WILLKOMMEN ZU HEISSEN."

REBECCA SOLNIT[70]

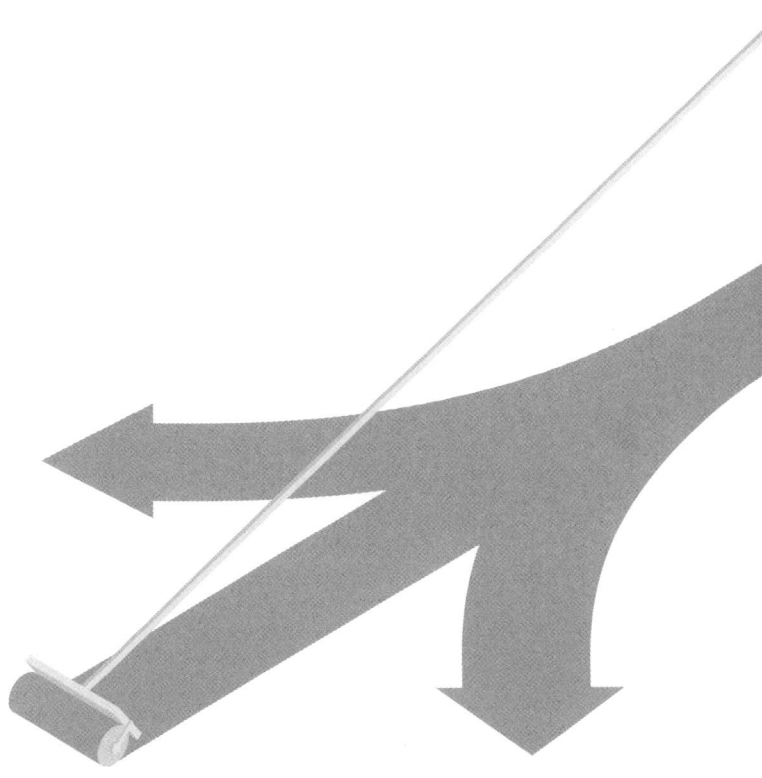

Nach einer ereignisreichen Woche gehe ich im Juni 2022 mit einem Freund in der Wiener Innenstadt spazieren. Ich erzähle ihm von meinen Erlebnissen: Am Dienstag war ich zu einem europaweiten Vernetzungstreffen für Gründerinnen eingeladen. Ich erwartete eine spannende, politische Diskussion über die Zukunft der sozial-rechtlichen Absicherung von Gründerinnen und erlebte – wie sehr oft bei Events – viele Plattitüden und wenig Konkretes. Einige Tage später bei einem Kongress in Wien war ich in derselben Situation. Groß angekündigt war die Zukunftskonferenz, aber auch hier ging es mehr um den Netzwerkaufbau und das Repräsentieren als um echte Veränderung. In der Diskussion des Panels, bei dem ich als Expertin sprach, forderte ich von den Teilnehmer:innen daher mehr Ehrlichkeit und endlich ins Tun zu kommen.

Leider ist dieses „Innovationstheater" noch immer eher die Regel als die Ausnahme. Doch Unternehmen und Führungsetagen muss klar sein, dass sie keine Zeit mehr für diese Oberflächlichkeit haben. Vielmehr müssen sie sofort handeln, um morgen und übermorgen überhaupt noch Personal zu gewinnen und zu halten. Es ist ganz klar erkennbar: Die Arbeitgeber:innen sind verzweifelt und haben große Fragezeichen, was sie denn tun sollen. Meine Antwort ist ganz klar: Hört auf eure Mitarbeiter:innen und seid ehrlich! Verfälschte positive Bewertungen als Arbeitgeber:innen auf digitalen Plattformen bringen nichts, genauso wenig schöne Schlagwörter auf der Website oder bunte Geschichten über Social Media.

DAHER MEINE VIER EMPFEHLUNGEN FÜR ARBEITGEBER:INNEN DER ZUKUNFT:

1. Geht das Thema „Zukunft der Arbeitswelt" mit der notwendigen Ernsthaftigkeit an! Nutzt das Potential von New Work, um eine Arbeitskultur auf Augenhöhe zu etablieren, und investiert hier finanziell.

2. Traut euch den mutigen Weg zu! Hört euren Mitarbeiter:innen zu, bindet die Visionärinnen und kreativen Köpfe in eure Entscheidungen ein, unterstützt sie mit den notwendigen Ressourcen, um mitgestalten zu können: Macht, Geld, Zeit.

3. Erkennt die Bedeutung von Vielfalt! Fördert Gendergerechtigkeit, Diversität und Inklusion.

4. Fördert mentale und körperliche Gesundheit! Investiert in das Wohlbefinden der Mitarbeiter:innen, bietet Weiterbildungen und Coachings an, die auf die Zukunft und auf Krisen besser vorbereiten.

Die Strategien und Tools, wie das in der täglichen Praxis funktioniert, habe ich in diesem Buch vorgestellt.

Niemand weiß, wie wir in Zukunft arbeiten werden, und die junge Generation ist nicht faul, sondern weiß, was sie will. Sie will nicht mehr schuften und hackeln wie ihre Eltern. Denn wofür auch? Wer weiß schon, ob es für sie noch eine Pension/Rente im Alter geben wird. Junge Beschäftigte suchen sich daher ihre Arbeitgeber:innen genau aus: Wo finde ich das beste Package? Nachhaltigkeit, Gerechtigkeit und gesellschaftliche Verantwortung dürfen kein Lippenbekenntnis bleiben! Ich halte mich an die Autorin und Philosophin Lisa Herzog, die in ihrem Buch „Die Rettung der Arbeit"[71], schreibt, dass wir es in der Hand haben, „ob die Zukunft der Arbeit eine Dystopie sein muss oder ob wir der Utopie einer freieren, gerechteren und demokratischeren Arbeitswelt näherkommen".

Das können wir aber nicht allein schaffen, sondern da müssen alle zusammenhalten: die Politik, die Unternehmen, die Gesellschaft, wir alle. Nur gemeinsam werden wir die beschleunigten Transformationen und Krisen bewältigen. Dafür ist mehr Augenhöhe notwendig. Die Herausforderungen sind riesig, und wir müssen umdenken, um diese zu bewältigen, und neue Perspektiven einnehmen. Das Wissen der Vielen ist dafür notwendig. Hier können wir von Kunst und Kreativen lernen, wie das geht. Also warum nicht spielerisch und mit Freude, Spaß und Leichtigkeit?

Mit diesem Buch lade ich ein, gemeinsam unsere Zukunft der Arbeit zu gestalten. Wir erleben nun ganz live eine Transformation der Arbeitswelt und haben die Chance, Verantwortung zu übernehmen. Meine New Work Toolbox für die Praxis stelle ich bereit für alle, die mitmachen wollen. Kurz zusammengefasst: Dieses Buch ist mein Plädoyer für mehr Augenhöhe in unserer Arbeitswelt und mein Aufruf, bei der New Work Revolution mitzumachen.

10.
LITERATUR UND LINKS

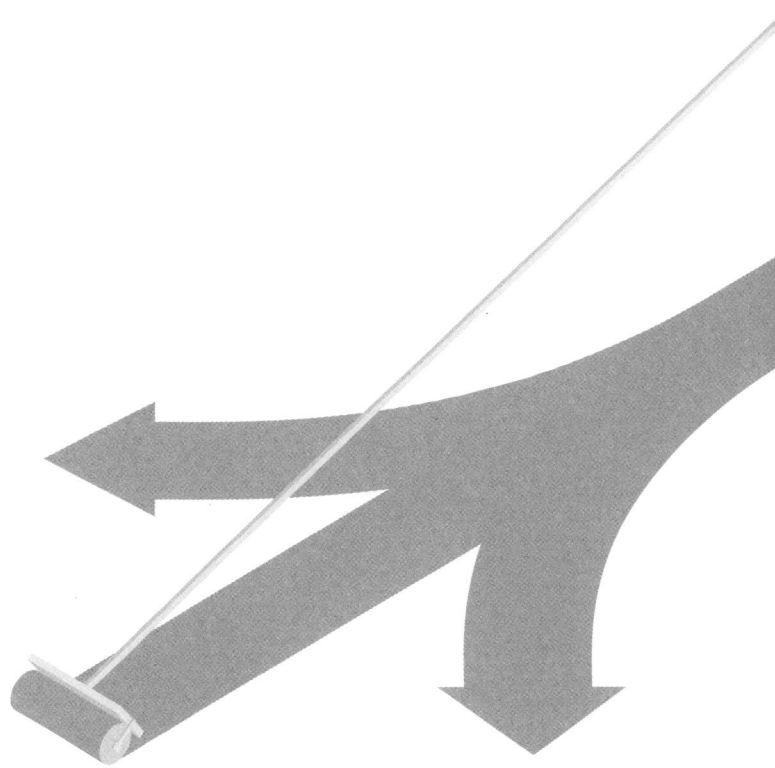

Arbeiterkammer Oberösterreich (2022). Der Österreichische Arbeitsklima Index zeigt: Ein Viertel der Beschäftigten will den Job wechseln. Verfügbar unter: https://ooe.arbeiterkammer.at/beratung/arbeitundgesundheit/arbeitsklima/arbeitsklima_index/Arbeitsklima_Index-_Immer_mehr_wollen_Job_wechseln.html (7.6.2022)

Badura, B., Walter, U., Hehlmann, T. (2010). Betriebliche Gesundheitspolitik. Der Weg zur gesunden Organisation. Berlin, Heidelberg: Springer Verlag

Blank, S. (2019). Why Companies Do „Innovation Theater" Instead of Actual Innovation. Harvard Business Review, 7.10.2019. Verfügbar unter: https://hbr.org/2019/10/why-companies-do-innovation-theater-instead-of-actual-innovation?utm_source=pocket_mylist (29.12.2021)

Brandeins (2021). Agilität in Unternehmen. Verfügbar unter: https://www.instagram.com/p/CSv503AgGeJ/?utm_medium=copy_link (29.12.2021)

Bund, K. (2014). Glück schlägt Geld. Generation Y: Was wir wirklich wollen. Hamburg: Murmann

Bundesministerium für Arbeit, Soziales, Gesundheit und Konsumentenschutz (2019). Demographischer Wandel – geänderte Rahmenbedingungen für den Sozialstaat?. Verfügbar unter: https://www.sozialministerium.at/dam/jcr:6375bc0a-d6a7-4c93-879e-b2e7acb13668/dokument_demographischer_wandel_22_11_2019_barrierefrei.pdf (6.6.2022)

Buster, B. (2018). Story. Wie man eine Geschichte richtig erzählt. Hamburg: Hoffmann und Campe

Cabanas, E., Illouz, E. (2019). Das Glücksdiktat und wie es unser Leben beherrscht. Berlin: Suhrkamp

Cable, D. M. (2019). Alive at Work. The Neuroscience of Helping Your People Love What They Do. Boston, Massachusetts: Harvard Business Review Press

Criado-Perez, C. (2020). Unsichtbare Frauen. Wie eine von Daten beherrschte Welt die Hälfte der Bevölkerung ignoriert. München: btb

Czaja, W. (2018). New Work: Tun, was man „wirklich, wirklich will". Der Standard, 2.6.2018. Verfügbar unter: https://www.derstandard.at/story/2000080542640/newworktun-was-man-wirklich-wirklich-will (7.5.2020)

Deloitte (2019). The Deloitte Global Millennial Survey 2019. Verfügbar unter: https://www2.deloitte.com/cn/en/pages/about-deloitte/articles/2019-millennial-survey.html (2.7.2022)

Deloitte (2022). The Deloitte Global 2022 Gen Z and Millennial Survey. Verfügbar unter: https://www2.deloitte.com/global/en/pages/about-deloitte/articles/genzmillennialsurvey.html (6.6.2022)

Deutschlandfunk Kultur (2021). Können wir nicht einfach immer Freizeit haben? Wo alle Kunst machen und niemand arbeiten muss. Verfügbar unter: https://www.instagram.com/p/CMoitePKQ8d/?utm_medium=share_sheet (29.12.2021)

Dweck, C. (2017). Mindset. London: Robinson UK

Eisler, R. (2020). Die verkannten Grundlagen der Ökonomie. Wege zu einer Caring Economy. Marburg: Büchner

Fosslien, L., Duffy, M. W. (2019). No Hard feelings. Emotions at Work (and How They Help Us Succeed). London: Penguin Random House UK

Glaser, L. M. (2017). Tanzende Roboter in Wien. Der Beginn meiner Reise in die Zukunft der Arbeit. Verfügbar unter: https://www.basicallyinnovative.com/editorial-reise-future-of-work (29.12.2021)

Glaser, L. M. (2018). Millennials und die Zukunft der Arbeit, in: Geschäftsstelle Deutsches Global Compact Netzwerk (Hrsg.), Arbeitsstandards 2.0 Flexibilisierung, Optimierung oder Marginalisierung? (S. 16–17). Münster: macondo publishing

Glaser, L. M. (2019). Die neue Arbeitswelt: Achtsam leben, um etwas zu bewegen. Verfügbar unter: https://www.basicallyinnovative.com/millennials-und-die-neue-arbeitswelt-achtsamkeit (29.12.2021)

Glaser, L. M. (2019). Die Arbeitsräume der Zukunft – Wo willst du arbeiten?. Verfügbar unter: https://www.basicallyinnovative.com/editorial-arbeitsplatz (29.12.2021)

Glaser, L. M. (2019). Mentoring & die Zukunft der Arbeit – Meine 3 Learnings für New Work. Verfügbar unter: https://www.linkedin.com/pulse/mentoring-die-zukunft-der-arbeit-meine-3-learnings-f%C3%BCr-lena-glaser (29.12.2021)

Glaser, L. M. (2020). Die Revolution der Arbeitswelt hat bereits begonnen. Vertrauen, Wertschätzung und Offenheit für neue Wege sind der Schlüssel für die Zukunft. Wiener Zeitung, 13.12.2020. Verfügbar unter: https://www.wienerzeitung.at/meinung/gastkommentare/2085130-Die-Revolution-der-Arbeitswelt-hat-bereits-begonnen.html (29.12.2021)

Glaser, L. M. (2020). Arbeit neu denken, auf Augenhöhe treffen. Praktische Perspektiven auf den digitalen Wandel der Arbeitswelt, in: J. Fritz, N. Tomaschek (Hrsg.), Digitaler Humanismus. Menschliche Werte in der virtuellen Welt (S. 131–142). Münster: Waxmann

Glaser, L. M. (2020). Diversity, Mentoring & neue Berufe – Salon im Co-Working-Space Twostay. Verfügbar unter: https://www.basicallyinnovative.com/salon-twostay-wien (29.12.2021)

Gompertz, W. (2015). Think like an Artist ... and Lead a More Creative, Productive Life. London: Penguin Random House UK

Gordon, G. Verfügbar unter: https://gwengordonplay.com (29.12.2021)

Graeber, D. (2018). Bullshit Jobs. A Theory. London: Allen Lane / Penguin Books UK

Grobner, C. (2021). Aussteigen für Fortgeschrittene. Die Presse, 13.10.2021. Verfügbar unter: https://www.diepresse.com/6045015/aussteigen-fuer-fortgeschrittene (29.12.2021)

HausWirtschaft Wien. Verfügbar unter: https://diehauswirtschaft.at (29.12.2021)

Hawke, E. (2020). Give Yourself Permission to Be Creative. TED-Talk. Verfügbar unter: https://www.ted.com/talks/ethan_hawke_give_yourself_ permission_to_be_creative?language=enTED Talk (7.6.2022)

Herzog, L. (2019). Die Rettung der Arbeit. Ein politischer Aufruf. München: Hanser Berlin

Hessel, S. (2011). Engagiert euch!. Berlin: Ullstein

IDEO Design Thinking. Verfügbar unter: https://designthinking.ideo.com (7.6.2022)

Komlosy, A. (2015). Arbeit. Eine globalhistorische Perspektive. Wien: Promedia

Lafargue, P. (2018). Das Recht auf Faulheit. Ditzingen: Reclam

Marent, B. (2011). Partizipation als Strategie der Bewältigung der Unwahrscheinlichkeit von Kommunikation. ÖZS 36

Odell, J. (2019). How to Do Nothing. Resisting the Attention Economy. Brooklyn, NY: Melville House US

Petersen, A. H. (2020). Can't Even: How Millennials Became the Burnout Generation. Boston, Massachusetts: Houghton Mifflin Harcourt US

Piwinger, G. (2020). New Work für Praktiker. Stuttgart: Schäffer-Poeschel

Prainsack, B. (2020). Vom Wert des Menschen. Warum wir ein bedingungsloses Grundeinkommen brauchen. Wien: Brandstätter

PwC (2015). The Female Millennial: A New Era of Talent. Verfügbar unter: https://www.pwc.com/jg/en/publications/the-female-millennial_a-new-era-of-talent.pdf (7.5.2020)

Rosa, H. (2017). Resonanz: Hartmut Rosa über die Soziologie des guten Lebens. Heinrich Böll Stiftung. Verfügbar unter: https://www.youtube.com/watch?v=S-bHnM3Uwuk (29.12.2021)

Scheibenbogen, O., Andorfer, U., Kuderer, M., Musalek, M. (2017). Zusammenfassung der Studie: Prävalenz des Burnout-Syndroms in Österreich. Ein Forschungsprojekt im Auftrag des Bundesministeriums für Arbeit, Soziales und Konsumentenschutz (BMASK)

Schreier, D. (2021). „Wir wollen ernst genommen und gehört werden". Top.tirol, 3.11.2021. Verfügbar unter: https://www.top.tirol/wirtschaftsmeldungen/karriere-arbeitswelt/wir-wollen-ernst-genommen-und-gehoert-werden (29.12.2021)

Seifert, T. (2021). Die Metropole nach der Pandemie. Wiener Zeitung, 20.11.2021. Verfügbar unter: https://www.wienerzeitung.at/nachrichten/ wirtschaft/oesterreich/2128372-Die-Metropole-nach-der-Pandemie.amp.html (29.12.2021)

Smart. Die Cooperative für Freelancer:innen, Kreative und Künstler:innen. Verfügbar unter: https://www.smart-at.org (29.12.2021)

Solnit, R. (2017). Wenn Männer mir die Welt erklären. München: btb

Stiglitz, J. E. (2016). Die neue Generationenkluft, in: G. Sperl (Hrsg.), Ungleichheit (S. 43–47). Wien: Czernin

Stottmeyer, M. (2020). „In die normale Arbeit wollen wir nicht zurück". Die Presse, 26.4.2020. Verfügbar unter: https://www.basicallyinnovative.com/ wp-content/uploads/2020/08/DiePresseamSonntagInterview_April-2020.pdf (29.12.2021)

Technische Universität Wien (2019). Wiener Manifest für Digitalen Humanismus. Verfügbar unter: https://dighum.ec.tuwien.ac.at/wp-content/ uploads/2019/07/Vienna_Manifesto_on_Digital_Humanism_DE.pdf (29.12.2021)

The Guardian (2021). What Could Employers Be Doing to Tackle the „Great Resignation". Verfügbar unter: https://www.instagram.com/p/ CWXpaEpKZ8I/?utm_medium=copy_link (29.12.2021)

Thun-Hohenstein, Ch. (2021). Gemeinsam die Klima-Moderne gestalten, in: H. Androsch, W. Knoll, A. Plimon (Hrsg.), Technologie im Gespräch: Human Centered Innovation (S. 130–139). Wien: Holzhausen

UNIS Vienna. Lazy Person's Guide to Saving the World. Verfügbar unter: https://unis.unvienna.org/unis/de/topics/sdgs_lazy_guide.html, (5.6.2022)

Vienna Design Week (2018). Arbeit nach der Arbeit. Verfügbar unter: https://www.viennadesignweek.at/archiv/2018/arbeit-nach-der-arbeit (29.12.2021)

Wigert, B. (2020). Employee Burnout: The Biggest Myth. Verfügbar unter: https://www.gallup.com/workplace/288539/employee-burnout-biggest-myth.aspx (29.12.2021)

Wikipedia. SMART (Projektmanagement). Verfügbar unter: https://de.wikipedia.org/wiki/SMART_(Projektmanagement) (5.6.2022)

Wilhelm, H. (2022). Millennials wollen nicht mehr Chef werden. Süddeutsche Zeitung, 25.5.2022. Verfügbar unter: https://www.sueddeutsche.de/wirtschaft/millenials-fuehrungspositionen-karriere-1.5591040?utm_source=pocket_mylist&reduced=true (2.6.2022)

Wittenberg-Cox, A. (2017). If You Can't Find a Spouse Who Supports Your Career, Stay Single. Harvard Business Review, 24.10.2017. Verfügbar unter: https://hbr-org.cdn.ampproject.org/c/s/hbr.org/amp/2017/10/if-you-cant-find-a-spouse-who-supports-your-career-stay-single (29.12.2021)

WKO (2022). Starke Frauen in der Wirtschaft. Verfügbar unter: https://www.wko.at/site/fiw-oberoesterreich/wirueberuns/fiw_factsheet_2020.pdf (2.6.2022)

Wong, K. (2020). How to Add More Play to Your Grown-Up Life, Even Now. The New York Times, 14.8.2020. Verfügbar unter: https://www.nytimes.com/2020/08/14/smarter-living/adults-play-work-life-balance.html?utm_source=pocket_mylist (29.12.2021)

Woolf, V. (2019). Ein Zimmer für sich allein. Zürich: Kampa Verlag

World Economic Forum (2017). Everything You Thought You Knew About Millennials Is Wrong. Verfügbar unter: https://www.weforum.org/agenda/2017/01/everything-you-thought-you-knew-about-millennials-is-wrong (29.12.2021)

World Health Organization (2019). Burn-out an „Occupational Phenomenon": International Classification of Diseases. Verfügbar unter: https://www.who.int/news/item/28-05-2019-burn-out-an-occupational-phenomenon-international-classification-of-diseases (29.12.2021)

1   Eisler, R. The Politics of Partnership: The Four Cornerstones.
    Verfügbar unter: https://rianeeisler.com/articles-papers/#politics-of-
    partnership-four-cornerstones

2   Wigert, B. (2020). Employee Burnout: The Biggest Myth. Verfügbar unter:
    https://www.gallup.com/workplace/288539/employee-burnout-biggest-
    myth.aspx (29.12.2021)

3   World Health Organization (2019). Burn-out an „Occupational
    Phenomenon": International Classification of Diseases. Verfügbar unter:
    https://www.who.int/news/item/28-05-2019-burn-out-an-occupational-
    phenomenon-international-classification-of-diseases (29.12.2021)

4   Woolf, V. (2019). Ein Zimmer für sich allein. Zürich: Kampa Verlag

5   Petersen, A. H. (2020). Can't Even: How Millennials Became the Burnout
    Generation. Houghton Mifflin Harcourt US

6   AK Arbeitsklima Index 01/2022. Verfügbar unter: https://ooe.arbeiter-
    kammer.at/beratung/arbeitundgesundheit/arbeitsklima/arbeitsklima_
    index/Arbeitsklima_Index-_Immer_mehr_wollen_Job_wechseln.html
    (7.6.2022)

7   Graeber, D. (2018). Bullshit Jobs. A Theory. Allen Lane/Penguin Books UK

8   Petersen, A. H. (2020). Can't Even: How Millennials Became the Burnout
    Generation. Houghton Mifflin Harcourt US

9   Eisler, R. (2020). Die verkannten Grundlagen der Ökonomie. Wege zu
    einer Caring Economy. Marburg: Büchner

10   Bundesministerium für Arbeit, Soziales, Gesundheit und Konsumenten-
     schutz (2019). Demographischer Wandel – geänderte Rahmenbedingungen
     für den Sozialstaat?. Verfügbar unter: https://www.sozialministerium.at/
     dam/jcr:6375bc0a-d6a7-4c93-879e-b2e7acb13668/dokument_demogra-
     phischer_wandel_22_11_2019_barrierefrei.pdf (6.6.2022)

11   Seifert, T. (2021). Die Metropole nach der Pandemie. Wiener Zeitung,
     20.11.2021. Verfügbar unter: https://www.wienerzeitung.at/nachrichten/
     wirtschaft/oesterreich/2128372-Die-Metropole-nach-der-Pandemie.amp.
     html (29.12.2021)

12   Glaser, L. M. (2019). Die Arbeitsräume der Zukunft – Wo willst du
     arbeiten?. Verfügbar unter: https://www.basicallyinnovative.com/
     editorial-arbeitsplatz (2.7.2022)

13   Glaser, L. M. (2020). Arbeit neu denken, auf Augenhöhe treffen.
     Praktische Perspektiven auf den digitalen Wandel der Arbeitswelt, in:
     J. Fritz, N. Tomaschek (Hrsg.), Digitaler Humanismus. Menschliche
     Werte in der virtuellen Welt (S. 131–142). Münster: Waxmann

14   Wilhelm, H. (2022). Millennials wollen nicht mehr Chef werden.
     Süddeutsche Zeitung, 25.5.2022. Verfügbar unter:
     https://www.sueddeutsche.de/wirtschaft/millenials-fuehrungspositionen-
     karriere-1.5591040?utm_source=pocket_mylist&reduced=true (2.6.2022)

15   Schreier, D. (2021). Wir wollen ernst genommen und gehört werden. Top.
     tirol, 3.11.2021. Verfügbar unter: https://www.top.tirol/
     wirtschaftsmeldungen/karriere-arbeitswelt/wir-wollen-ernst-genommen-
     und-gehoert-werden (29.12.2021)

16 Deloitte (2019). The Deloitte Global Millennial Survey 2019. Verfügbar unter: https://www2.deloitte.com/cn/en/pages/about-deloitte/articles/2019-millennial-survey.html (2.7.2022)

17 Deloitte (2022). The Deloitte Global 2022 Gen Z and Millennial Survey. Verfügbar unter: https://www2.deloitte.com/global/en/pages/about-deloitte/articles/genzmillennialsurvey.html (6.6.2022)

18 Stiglitz, J. E. (2016). Die neue Generationenkluft, in: G. Sperl (Hrsg.), Ungleichheit (S. 43-47). Wien: Czernin

19 Scheibenbogen, O., Andorfer, U., Kuderer, M., Musalek, M. (2017). Zusammenfassung der Studie: Prävalenz des Burnout-Syndroms in Österreich. Ein Forschungsprojekt im Auftrag des Bundesministeriums für Arbeit, Soziales und Konsumentenschutz (BMASK)

20 Bund, K. (2014). Glück schlägt Geld. Generation Y: Was wir wirklich wollen. Hamburg: Murmann

21 World Economic Forum (2017). Everything You Thought You Knew About Millennials Is Wrong. Verfügbar unter: https://www.weforum.org/agenda/2017/01/everything-you-thought-you-knew-about-millennials-is-wrong (29.12.2021)

22 Stottmeyer, M. (2020). „In die normale Arbeit wollen wir nicht zurück". Die Presse, 26.4.2020. Verfügbar unter: https://www.basicallyinnovative.com/wp-content/uploads/2020/08/DiePresseamSonntagInterview_April-2020.pdf (2.7.2022)

23 Piwinger, G. (2020). New Work für Praktiker. Stuttgart: Schäffer-Poeschel

24 Czaja, W. (2018). New Work: Tun, was man „wirklich, wirklich will". Der Standard, 2.6.2018. Verfügbar unter: https://www.derstandard.at/ story/2000080542640/newworktun-was-man-wirklich-wirklich-will (7.5.2020)

25 Brandeins. (2021). Agilität in Unternehmen. Verfügbar unter: https://www.instagram.com/p/CSv503AgGeJ/?utm_medium=copy_link (29.12.2021)

26 Grobner, C. (2021). Aussteigen für Fortgeschrittene. Die Presse, 13.10.2021. Verfügbar unter: https://www.diepresse.com/6045015/ aussteigen-fuer-fortgeschrittene (29.12.2021)

27 Komlosy, A. (2015). Arbeit. Eine globalhistorische Perspektive. Wien: Promedia

28 Lafargue, P. (2018). Das Recht auf Faulheit. Ditzingen: Reclam

29 Komlosy, A. (2015). Arbeit. Eine globalhistorische Perspektive. Wien: Promedia

30 Prainsack, B. (2020). Vom Wert des Menschen. Warum wir ein bedingungsloses Grundeinkommen brauchen. Wien: Brandstätter

31 Herzog, L. (2019). Die Rettung der Arbeit. Ein politischer Aufruf. München: Hanser Berlin

32 Fosslien, L., Duffy, M. W. (2019). No Hard feelings. Emotions at Work, Penguin Random House UK

33 Eisler, R. (2020). Die verkannten Grundlagen der Ökonomie. Wege zu einer Caring Economy. Marburg: Büchner

34 Badura, B., Walter, U., Hehlmann, T. (2010). Betriebliche Gesundheits-
    politik. Der Weg zur gesunden Organisation.
    Berlin, Heidelberg: Springer Verlag

35 Ebd.

36 Marent, B. (2011). Partizipation als Strategie der Bewältigung der
    Unwahrscheinlichkeit von Kommunikation. ÖZS 36

37 Herzog, L. (2019). Die Rettung der Arbeit. Ein politischer Aufruf.
    München: Hanser Berlin

38 Technische Universität Wien (2019). Wiener Manifest für Digitalen
    Humanismus. Verfügbar unter: https://dighum.ec.tuwien.ac.at/
    wp-content/uploads/2019/07/Vienna_Manifesto_on_Digital_Humanism_
    DE.pdf (29.12.2021)

39 Ebd.

40 Glaser, L. M. (2020). Arbeit neu denken, auf Augenhöhe treffen.
    Praktische Perspektiven auf den digitalen Wandel der Arbeitswelt, in:
    J. Fritz, N. Tomaschek (Hrsg.), Digitaler Humanismus. Menschliche
    Werte in der virtuellen Welt (S. 131–142). Münster: Waxmann

41 Vienna Design Week (2018). Arbeit nach der Arbeit. Verfügbar unter:
    https://www.viennadesignweek.at/archiv/2018/arbeit-nach-der-arbeit
    (29.12.2021)

42 Cabanas, E., Illouz, E. (2019). Das Glücksdiktat und wie es unser Leben
    beherrscht. Berlin: Suhrkamp

43   Rosa, H. (2017). Resonanz: Hartmut Rosa über die Soziologie des guten Lebens. Heinrich Böll Stiftung. Verfügbar unter: https://www.youtube.com/watch?v=S-bHnM3Uwuk (29.12.2021)

44   Blank, S. (2019). Why Companies Do "Innovation Theater" Instead of Actual Innovation. Harvard Business Review, 7.10.2019. Verfügbar unter: https://hbr.org/2019/10/why-companies-do-innovation-theater-instead-of-actual-innovation?utm_source=pocket_mylist (29.12.2021)

45   Criado-Perez, C. (2020). Unsichtbare Frauen. Wie eine von Daten beherrschte Welt die Hälfte der Bevölkerung ignoriert. München: btb

46   PwC (2015). The Female Millennial: A New Era of Talent. Verfügbar unter: https://www.pwc.com/jg/en/publications/the-female-millennial_a-new-era-of-talent.pdf (7.5.2020)

47   Wittenberg-Cox, A. (2017). If You Can't Find a Spouse Who Supports Your Career, Stay Single. Harvard Business Review, 24.10.2017. Verfügbar unter: https://hbr-org.cdn.ampproject.org/c/s/hbr.org/amp/2017/10/if-you-cant-find-a-spouse-who-supports-your-career-stay-single (29.12.2021)

48   Herzog, L. (2019). Die Rettung der Arbeit. Ein politischer Aufruf. München: Hanser Berlin

49   Woolf, V. (2019). Ein Zimmer für sich allein. Zürich: Kampa Verlag

50   IDEO Design Thinking. Verfügbar unter: https://designthinking.ideo.com (7.6.2022)

51   Deutschlandfunk Kultur. (2021). Können wir nicht einfach immer Freizeit
     haben? Wo alle Kunst machen und niemand arbeiten muss. Verfügbar
     unter: https://www.instagram.com/p/CMoitePKQ8d/
     ?utm_medium=share_sheet (29.12.2021)

52   Dweck, C. (2017). Mindset. Robinson UK

53   Gordon, G. Verfügbar unter: https://gwengordonplay.com (29.12.2021)

54   Wong, K. (2020). How to Add More Play to Your Grown-Up Life, Even
     Now. The New York Times, 14.8.2020. Verfügbar unter:
     https://www.nytimes.com/2020/08/14/smarter-living/adults-play-
     work-life-balance.html?utm_source=pocket_mylist (29.12.2021)

55   Gompertz, W. (2015). Think like an Artist … and Lead a More Creative,
     Productive Life. Penguin Random House UK

56   Hawke, E. (2020). Give Yourself Permission to Be Creative. TED-Talk.
     Verfügbar unter: https://www.ted.com/talks/ethan_hawke_give_
     yourself_permission_to_be_creative?language=enTED Talk (7.6.2022)

57   Odell, J. (2019). How to Do Nothing. Resisting the Attention Economy.
     Melville House US

58   Solnit, R. (2017). Wenn Männer mir die Welt erklären. München: btb

59   UNIS Vienna. Lazy Person's Guide to Saving the World. Verfügbar unter:
     https://unis.unvienna.org/unis/de/topics/sdgs_lazy_guide.html (5.6.2022)

60   Wikipedia. SMART (Projektmanagement). Verfügbar unter: https://
     de.wikipedia.org/wiki/SMART_(Projektmanagement) (5.6.2022)

61 Cable, D. M. (2019). Alive at Work. The Neuroscience of Helping Your People Love What They Do. Boston, Massachusetts: Harvard Business Review Press

62 Buster, B. (2018). Story. Wie man eine Geschichte richtig erzählt. Hamburg: Hoffmann und Campe

63 Glaser, L. M. (2017). Tanzende Roboter in Wien. Der Beginn meiner Reise in die Zukunft der Arbeit. Verfügbar unter: https://www.basicallyinnovative.com/editorial-reise-future-of-work (29.12.2021)

64 Hessel, S. (2011). Engagiert euch!. Berlin: Ullstein

65 Glaser, L. M. (2018). Millennials und die Zukunft der Arbeit, in: Geschäftsstelle Deutsches Global Compact Netzwerk (Hrsg.), Arbeitsstandards 2.0 Flexibilisierung, Optimierung oder Marginalisierung? (S. 16–17). Münster: macondo publishing

66 Thun-Hohenstein, Ch. (2021). Gemeinsam die Klima-Moderne gestalten, in: H. Androsch, W. Knoll, A. Plimon (Hrsg.), Technologie im Gespräch: Human Centered Innovation (S. 130–139). Wien: Holzhausen

67 WKO (2022). Starke Frauen in der Wirtschaft. Verfügbar unter: https://www.wko.at/site/fiw-oberoesterreich/wirueberuns/ fiw_factsheet_2020.pdf (2.6.2022)

68 Smart. Die Cooperative für Freelancer:innen, Kreative und Künstler:innen. Verfügbar unter: https://www.smart-at.org (29.12.2021)

69 HausWirtschaft Wien. Verfügbar unter: https://diehauswirtschaft.at (29.12.2021)

70   Solnit, R. (2017). Wenn Männer mir die Welt erklären. München: btb

71   Herzog, L. (2019). Die Rettung der Arbeit. Ein politischer Aufruf.
     München: Hanser Berlin